南京经典文库

首都计划

（民国）国都设计技术专员办事处 编

南京出版社
南京出版传媒集团

图书在版编目（CIP）数据

首都计划 / 国都设计技术专员办事处编. -- 南京：南京出版社，2018.2

（南京经典文库）

ISBN 978-7-5533-2028-1

Ⅰ. ①首… Ⅱ. ①国… Ⅲ. ①城市规划—南京 Ⅳ. ①TU984.253.1

中国版本图书馆CIP数据核字（2017）第293105号

丛 书 名：南京经典文库
书　　名：首都计划
作　　者：国都设计技术专员办事处
出版发行：南京出版传媒集团
南 京 出 版 社

社址：南京市太平门街53号　　邮编：210016
网址：http://www.njcbs.cn　　电子信箱：njcbs1988@163.com
天猫1店：https://njcbcmjtts.tmall.com/　　天猫2店：https://nanjingchubanshets.tmall.com/
联系电话：025-83283893、83283864（营销）　025-83112257（编务）

出 版 人：朱同芳
出 品 人：卢海鸣
责任编辑：范　忆　张　龙
装帧设计：王　俊
责任印制：杨福彬

制　　版：南京新华丰制版有限公司
印　　刷：南京工大印务有限公司
开　　本：787mm × 1092mm　1/16
印　　张：12.25
插　　页：22
字　　数：200千
版　　次：2018年2月第1版
印　　次：2018年2月第1次印刷
书　　号：ISBN 978-7-5533-2028-1
定　　价：198.00元

天猫1店　天猫2店

总　　序

文化是一个国家、一个民族的灵魂。文化兴国运兴，文化强民族强。中华民族在五千多年的文明进程中，创造了辉煌灿烂的中华文化，树立起泱泱大国的巍峨形象。以“六朝古都”“十朝都会”闻名于世的南京，地理位置优越，山川形胜独特，俊彦英杰辈出，历史积淀丰厚。在积累文化、传播文化和创造文化的过程中，南京产生了一个又一个文化高峰，树立了一座又一座文化丰碑，留下了一批又一批文化遗产，在中华文化史上占有特殊而又重要的历史地位。

“经典沉深，载籍浩瀚。”有史以来，流传下来的有关南京的作品汗牛充栋，数不胜数。这些作品，经史子集俱备，内容包罗万象，体裁丰富多样，不仅是古都南京的文化瑰宝，也是中华民族乃至全人类的文化遗产。改革开放以来，在党和政府的高度重视下，一部分南京地方文献已经得到了初步整理，在深受广大读者欢迎和好评的同时，也为文化遗产的传承、创新和永续做出了有益的尝试。

今天，中国特色社会主义建设进入了一个新时代，文化建设的地位更加重要，作用更加凸显。系统地挖掘、整理、弘扬中华优秀传统文化，发挥优秀传统文化“根与魂”的作用，推动文化繁荣，提振文化自信，成为新时代文化建设的应有之义；而阅读和品味文化经典，则是实现这一目标的一个有效途径。

有鉴于此，我们从琳琅满目的南京文化宝库中，精选出历经岁月洗礼仍然富有价值的经典作品，组织专家学者精心点校，并由设计人员精心设计，从而形成“南京经典文库”。衷心希望这套“文库”的出版，在大众普及和学术研究两个层面能够发挥积极的作用；尤其是在传承、弘扬中华优秀传统文化的同时，能够进一步提高南京文化的影响力和知名度，让世人更好地了解南京、了解江苏、了解中国。

“南京经典文库”编委会

导　读

《首都计划》是民国时期我国最重要的一部城市规划。

1927 年 4 月 18 日，国民政府定都南京。1928 年 10 月，国民政府国务会议决议由孙科负责办理国都设计，并成立国都建设委员会，着手国都规划建设，下设“国都设计技术专员办事处”，具体负责国都设计的组织工作。1929 年 12 月，《首都计划》正式由国民政府公布。国民政府把制定国都建设计划、开展首都建设看作是民族振兴、重建国家的起点，故孙科在《首都计划》序中指出：“首都之于一国，故不唯发号施令之中枢，实亦文化精华之荟萃……（南京）其前途发展，殆不可限。然正惟其气象如此之宏伟，则经始之际，不能不先有一远大而完善之建设计划，以免错误，而资率循。”《首都计划》作为民国首都建设的纲领性文件，从一个方面反映了南京甚至中国城市开始走向现代规划、建设的历史。

《首都计划》是一部具有先进设计理念的规划。国民政府本着“用材于外”的原则，聘请美国建筑师茂菲（又译作墨菲）和工程师古力治，主持编制《首都计划》，此二人“于城市设计、宫室建筑之术，盖均有声于国际者”，同时也聘曾留学美国康奈尔大学的国内建筑师吕彦直等相助。建筑师茂菲 1914 年来华，在主持编制《首都计划》之前，已在中国历练数载，其代表作燕京大学（今北京大学燕园）、金陵女子大学（今南京师范大学随园）和国民革命军阵亡将士公墓的规划设计，深受世人推崇，是应用现代建筑结构技术建筑中国传统式建筑的开创人之一，梁思成先生评价道：

"至如燕京大学，则颇能表现我国建筑之特征，其建筑师茂菲，以外人臻此，亦堪称道。"工程师古力治是美国1910年前后城市规划运动的先驱者之一。他曾与建筑师福特合作以"科学""实用"的城市规划方法，规划纽海文、纽沃克、泽西等城市，并最早发展出一套美国城市规划史上的城市调查程序与方法，以统计资料为基础，用"数字"进行城市规划和管理。担负《首都计划》督同组织之责的孙科早年曾留学美国，在加利福尼亚州立大学和芝加哥大学研习市政、规划、政治与经济等课程，1926年北伐前曾担任过广州市市长，有城市规划的经历。而国都设计技术专员办事处处长林逸民，早年毕业于广东岭南大学与唐山工学院，1921年获美国普渡大学工程学士后，于1923年3月孙科第二任广州市市长期间出任工务局局长。1927年进入哈佛大学研究城市规划，1928年回国出任国都设计技术专员办事处处长。这些设计师或来自美国，或在美国接受教育，他们将当时国际先进的城市设计理念融入设计之中，提出"本诸欧美科学之原则""吾国美术之优点"的规划思想，宏观上采纳欧美规划模式，微观上则采用中国传统形式，即以欧美理念为主，中国传统形式为辅。《首都计划》还在规划方法、城市设计、规划管理等诸多方面批判地借鉴了欧美模式，在中西古今问题的选择上，既有模仿又有一定的创新；在规划理论及方法上，开创了我国现代城市规划实践之先河，反映出传统中国城市在迈向现代化进程中的努力和追求，其设计师构成也体现出东西方的结合。

《首都计划》是我国近代第一部内容全面保存完整的城市总体城市规划。《首都计划》共编制了二十八项规划内容，即南京史地概要、南京今后百年人口之推测、首都界线、中央政治区地点、市行政区地点、建筑形式之选择、道路系统之规划、路面（附说明书）、市郊公路计划、水道之改良、公园及林荫大道、交通之管理、铁路与车站、港口计划、飞机场站之位置、自来水计划、电力厂之地址、渠道计划、市内交通之设备、电线及路灯之规划、公营住宅之研究、关于学校之计划、工业、浦口计划、城市设计及分区授权法草案、首都分区条例草案、实施之程序、款项之筹集等。可谓包罗城市建设"万象"，使外国人通过它便可以判定"中国文化地位之高下"。而林逸民则指出："此次设计不仅关系首都一地，且为国内各市进行设计之倡。影响所及，至为远大。"

《首都计划》也是中国近代史上第一部由中央政府主持编制的城市规

划。“国都设计技术专员办理处”在向“首都建设委员会”的呈文里称:“我国进行都市设计开始于我处成立之时。”《首都计划》不同于以往由帝国主义殖民者在其控制的殖民地和租界所进行的城市规划,《首都计划》是国内民族主义兴起后政府当局力图主导城市规划的一个开端。国际设计师在这一城市规划中扮演了重要角色。《首都计划》在城市规划理念和制度上有多项开创之举,是在对国际城市规划运动脉搏的准确把握基础上结合国内实际情况进行取舍的结果。

《首都计划》“皆为百年而设,非供一时只用”,其出台前后,南京兴起了持续十余年的建设高潮。其后虽然由于种种原因,特别是1937年抗日战争的爆发,规划的不少内容包括中央政治区、市行政区等建设均未能付诸实施,但现代南京的城市格局、功能分区、道路系统,以及一批公共建筑等都是由这一规划奠定的基础,以中山大道为代表的林荫大道和中西合璧的近代建筑,均是以《首都计划》为指导进行实践的结果。《首都计划》的实际价值不仅远远超越它在南京的具体实践,更在于它的理论及方法对中国近代城市规划发展的促进作用。在近代西方城市规划在中国的传播过程中《首都计划》无疑是中国近代规划史上的一个里程碑。在中国城市面临全球化带来的文化冲击的今天,重温《首都计划》仍然有其现实意义。

在此,我们以南京市城市建设档案馆馆藏的1929年版《首都计划》为据,重新点校出版,以飨广大读者。

周健民

总理遗嘱

余致力国民革命凡四十年，其目的在求中国之自由平等。积四十年之经验，深知欲达到此目的，必须唤起民众及联合世界上以平等待我之民族，共同奋斗。

现在革命尚未成功，凡我同志，务须依照余所著《建国方略》《建国大纲》《三民主义》及《第一次全国代表大会宣言》，继续努力，以求贯彻。最近主张开国民会议及废除不平等条约，尤须于最短期间，促其实现，是所至嘱。

呈　首都建设委员会文

呈为计划拟定，谨汇印成帙，呈送鉴核采用事：窃职处前奉国民政府命令，办理国都设计。经于十七年十二月一日遵奉孙委员督同组织设处办事，中间遵令改隶钧会管辖，其中经过情形，亦经呈报察核备案在案。查城市设计外国早已盛行，近且城市与城市之间，即未开辟之地，亦为设计所及。我国实行都市设计，实始于职处之成立，此次设计不仅关系首都一地，且为国内各市进行设计之倡。影响所及，至为远大。加以全部计划皆为百年而设，非供一时之用，且具整个性质，不能支节拟定，故于设计事项，不敢不格外慎重。设计先务在于查勘此类事项，如交通之状况、气候之变化、风雨之情形、古迹名胜、文化机关、公共建筑之所在、大小工商事业之现状、江潮之涨落、人口之数量与密度、机关职工之人数、土地之价格、城内各地之面积、地势之高下，以及其他具有关系各项，在成立之初即已竭力进行，广为查考，并将所得结果制定图表，以为设计之预备。各顾问到处以后，并即从事种种之规划，中经详细之研究，迄今各项计划均已慎为拟定。总计所拟计划共分二十八项，一曰南京史地概略；二曰南京今后百年人口之推测；三曰首都界限；四曰中央政治区地点；五曰市行政区地点；六曰建筑形式之选择；七曰道路系统之规划；八曰路面；九曰市郊公路计划；十曰水道之改良；十一曰公园及林荫大道；十二曰交通之管理；十三曰铁路与车站；十四曰港口计划；十五曰飞机场站之位置；十六曰自来水计划；十七曰电力厂之地址；十八曰渠道计划；十九曰市内交通之设备；二十曰电线及路灯之规划；二十一曰公营住宅之研究；二十二曰关于学校之计划；二十三曰工业；二十四曰浦口计划；二十五曰城市设计及分区授权法草案；二十六曰首都分区条例草案；二十七曰实施之程序；

二十八曰款项之筹集。其中或关于地方之分配，或关于商港之开辟，或关于交通卫生之设施，或关于公用事业之设备，或关于进行之预备。而设计必先有一定之标准，故划定界线于先，而界线之定又以人口之变化为据，故又始于人口之测定。又所有计划之设定，皆应按切当地之情形，否则断难适用，所以最初一项列入史地概略。凡此计划所定计首都新定面积约八百五十五方公里，其中旧城内所占之面积约四〇·九方公里，又中央政治区面积约七万七千五百八十公亩。公园之在城内者约六·四五方公里，城外者约四九·九二方公里，统共五六·三七方公里，占全境面积千分之六十六；以人口达二百万计算，平均每人约占二十八又十分二方公尺。干路共长三百八十八又百分九十五公里，林荫大道共长四十七又十分六公里，市郊公路共长五百二十一又十分二公里，其中二百二十一又十分七为干路，二百九十九又十分五为支路。码头线共长十四又百分三十三公里，其中下关方面占九·二五公里；浦口方面占五·〇八公里。飞机场共设四处，小营一处，占千分七百八十五方公里；沙洲北圩一处，占四又千分六百二十八方公里；皇木场一处，占千分九百四十四方公里；红花圩一处，占千分九百九十九方公里；共计七又千分三百五十六方公里。以上各项面积、长度，皆系按切现在、将来情形从长拟定，务使首都一经建设，种种皆臻于最适用之地位，一方又于经济情形妥为顾及。关于各种建设，其在训政时期六年以内，即可完成其大部。此期建设费用计约五千一百八十万元。此后按期进行，其训政期内所未及之部分，亦复继续施设，将使首都一地不独成为全国城市之模范，并足比伦欧美名城也。惟设计事项，每与其他各事息息相关，南京原无精详之统计，又乏细密之地图，调查所得类皆约略情形，未可指为确切，且地势坡度之大小，更无此项图表，一一从事新测又非时间所许，以故进行设计时感困难。自用飞机摄制全京地图后，始有精确之地图可用，惟此图亦以种种障碍完成过迟，故初时所定计划，又须一一对校订正误点。现在各项计划均已确定，理合汇印成帙，备文呈送鉴核。伏乞

分别采择施行，实叨公便。谨呈

首都建设委员会

计呈送首都计划一本

国都设计技术专员办事处处长林逸民

中华民国十八年十二月三十一日

首都计划目录

首都计划图表目录

首都计划序

自去岁双十节后，国民政府以北伐统一告成，乃筹备成立五院，宣示国人以训政建设。中外观听，于焉一新，而首都建设问题，遂亦为各方所注目。良以首都之于一国，固不唯发号施令之中枢，实亦文化精华之所荟萃。觇人国者，观其首都，即可以衡定其国民文化地位之高下，关系之巨，盖如是也。吾党遵总理遗教，定首都于南京，既三年矣。南京襟江为城，湖山之美，城郭之大，气候之适，以之建为首都，其前途发展，殆不可限。然正惟其气象如此之宏伟，则经始之际，不能不先有一远大而完善之建设计划，以免错误，而资率循。此固科学、艺术专家之事，而今则犹不能不借材于外国者也。国民政府以是特聘美人茂菲、古力治两君为顾问，使主其事。两君于城市设计、宫室建筑之术，盖均有声于国际者。其所计划，固能本诸欧美科学之原则，而于吾国美术之优点，亦多所保存焉。国人之襄其事者，则为林君逸民，盖国民政府特设国都设计技术专员办事处，以林君主任。今之种种设计，其间去取损益，又以林君之力独多也。科于此办事处筹设之始，即承国民政府委以督同组织之责，今既届一年，林君汇集各种规划，将付刊成册，以贡诸国人，而嘱为之序，因述其缘起如此，以冀邦人君子有所评正焉。

孙科

民国十八年十二月五日

南京模型

高度比尺五倍于平面比尺

南京及其鄰近地圖

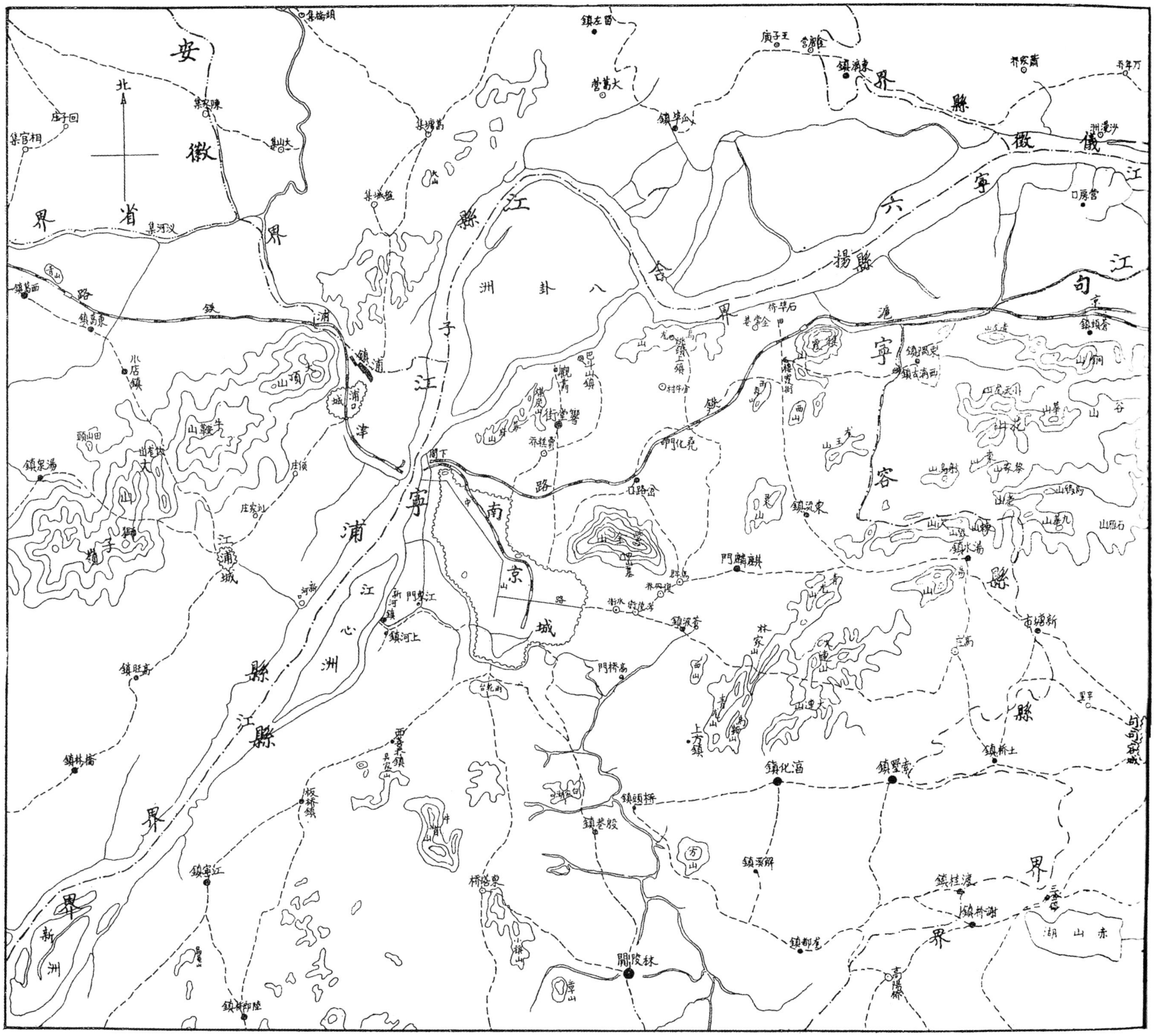

二十萬分之一尺

5000 0 5000 10000 15000公尺

第一圖

南京史地概略

南京一地，自古著称，固具历史上之光荣。而其山川之美，气候之宜，亦复鲜能相及。总理之有取于是都，盖为此也。国都既建，本处奉令设计。关于其中历史之事实，自然之现象，不能无所考求。爰将调查所得，略疏于次。

一、南京之历史

（甲）名称之沿革南京之名，始自明代。晋、隋、唐、清，皆著江宁之名，民国因之。此外，楚曰金陵，秦曰秣陵，汉属丹阳，吴曰建业，宋曰建康。而在晋尚有建康之名，在唐又有昇州之号。其名号之因代而异也如此，即其疆域亦不尽相同。兹所举之诸名，亦曰其涉及南京之地域而已。

（乙）政治上之地位南京建都始于吴，东晋、南朝因之，六朝之名，即由此而来也。南唐、明初，亦曾都此。民国成立，孙总统即就职于南京。既而袁氏当国，国都复迁于北平。而十余年间，国中亦曾无一日之治象。迨国民革命成功，统一全国，始遵总理遗志，复奠都焉。其为国都所在，不只一朝，其在政治上地位之重要，亦可知矣。

（丙）军事上之地位南京为用兵必争之地，周秦已然，后此战迹，不可胜纪。降及近代，洪、杨据有南京，清廷为之大震。辛亥革命以还，国内兵争，多有牵及。盖其境内幕府、狮子、乌龙、雨花台诸山，皆为险要之地，且地当长江下流之冲，既具进展之资，亦复险固可守，其在军事方面，固一重要地点也。

二、南京之地理

（甲）位置　南京位于长江下游，在江套之南部。东距江口约四百公里，由空中向东北行直达于海，约长二百四十公里。由铁路达上海，约三百一十公里。隔江与浦口相对，相距约一千公尺。为全国主要交通路线之中心。四面环以城垣，长共三十三公里半。关于交通之情形，境内之状况，城垣之所在，可于图中一览而知也。

（乙）地势　南京各处地面高度，高出于吴淞最低水平之上约为五公尺至十五公尺。城内南部，地多坦平；东部略有高山；西北则小山起伏，惟无高出海平八十公尺者。城外大小山陵甚多，所有山坡，皆甚峻，其形状与日本神户邻近之山，约略相同。东部之紫金山，高出平地四百二十公尺，为全境最注目之处。北部八卦洲南岸，有一山脉，其中最重要者为老虎山，高一百八十公尺。浦口近郊各处，地多平坦而卑湿，夏季常为水没，惟其北则有高山一列，高出一百公尺之上。南部诸山皆小，最著为雨花台。紫金山东部山谷中，有石山围绕于其南，俗名青龙山及黄龙山。又扬子江之两面江岸，皆有大幅地段，江潮涨时，每被淹没。由上而观，可知南京地势高下不齐，有高山，有平原，亦有低洼之地。此其大略也。

（丙）河湖　南京河流，以长江为最著。该江从西南来，至江心洲南端，分为二流。东部之支流，即夹江也。夹江至江心洲北端，与主流复合。又北行，在距下关二公里半处，又分为二，包围八卦洲于其中。主流位于八卦洲北，南亦夹江也。主流更由东而东南，至八卦洲东端，复与夹江相合。再由是而东流，以达于海。此江为南京水路交通之重要部分，轮船出入必资之。此外，城垣西、南、东三部，皆为护城河所环绕。城内南部则为秦淮河所横贯。惟内地水路运输，只资护城河而已。西北亦有一河，名惠民，盖所以备船艇之避风者也。城内湖沼甚多，著者有西部之莫愁湖，东北之玄武湖，皆具美丽之风景，夏日消遣，每每资之。

（丁）土壤　及地层南京土壤可分二类：一为冲积之泥，一为肥土，后者见于城中各处及西北部之斜山。泥土之泄水力甚微，每有相隔只二公尺之水池，水平即相差异。城外之山，大半为硬脆之石质所成，石灰石甚少，其成分之最著为石英、沙石、孕子石等。地层之主要方向，为东西二向，而斜度则南向五十余度也。

（戊）交通　南京水陆交通，均甚便利，其到达各地之里程，约如下表：

到达地点	所循路线	里程	
		公里单位	英里单位
上海	沪宁路	三一〇·六三	一九三·〇二
上海	长江	三七六·一六	二〇三·〇〇海里
无锡	沪宁路	一八五·三六	一一三·二二
苏州	沪宁路	二二四·五七	一三九·五五
镇江	沪宁路	六八·六八	四二·六八
镇江	长江	八七·一〇	四七·〇〇海里
蚌埠	津浦路	一七四·六〇	一〇八·五〇
泰安	津浦路	五八八·二七	三六五·五五
济南	津浦路	六六〇·七七	四一〇·六〇
芜湖	长江	一〇一·九二	五五·〇〇海里
安庆	长江	三〇五·七五	一六五·〇〇海里
九江	长江	四六八·八一	二五三·〇〇海里
汉口	长江	七二八·二三	三九三·〇〇海里
宁波	沪宁、沪杭甬二路	六一三·一四	三八一·〇〇
南昌	至九江转南浔路	五〇九·三四	三一六·五〇
海州	津浦、陇海路	四九四·〇五	三〇七·〇〇
开封	津浦、陇海路	六一七·一六	三八三·五〇
归德	津浦、陇海路	四八五·二〇	三〇一·五〇
郑州	津浦、陇海路	六八二·五四	四二四·〇〇
济宁	津浦、徐州转公路	四八〇·三七	二九八·五〇
常州	沪宁路	一四三·三五	八九·〇八
江阴	长江	二〇〇·一二	一〇八·〇〇海里
江阴	沪宁、常州转公路	三〇五·七七	一〇九·〇〇
江都	沪宁、镇江转公路	九五·四九	五九·三四
宜兴	公路	一四〇·八一	八七·五〇
吴兴	公路	二〇一·一六	一二五·〇〇
徐州	津浦路	三三九·五六	二一一·〇〇

观上表，可知其与国内各地交通之情形，至其与外国之交通，则均由上海出口。兹并将其到达各埠之里程，列如下表[①]：

①原书为“左表”。

到达地点	由上海到达里程		由南京到达里程		备考
	公里	海里	公里	海里	
星加坡	四二四八·九三	二二九三	四六二五·〇九	二四九六	
些路	九三八五·四四	五〇六五	九七五一·六〇	五二六八	
三藩市	一〇一七四·八二	五四九一	一〇五五〇·九八	五六九四	
纽约	二二九八六·四六	一二四〇五	二三三六二·六二	一二六〇八	
纽约	一九七九七·四五	一〇六八四	二〇一七三·六一	一〇八八七	循巴拿马运河之水程
伦敦	一九五三二·四七	一〇五四一	一九九〇八·六三	一〇七四四	
利物浦	一九四六三·九一	一〇五〇四	一九八四〇·〇一	一〇七〇七	

（己）民居　南京人口稠密之部分，乃在城南，距长江最近处约六公里，距下关约九公里。城墙以内之地域，虽有四十一方公里（即一五·八方英里）之面积，惟大部分荒芜，间有田园茅屋，如村落而已。

（庚）温度　南京气候中和，夏不甚热，冬不甚寒，情形甚似上海。自有记录以来，温度以摄氏表零下十三度为最低，以摄氏表三十七度为最高，超过三十二度之温度，多在七八月之间。民国十一年为最热之一年，其热度超过三十度者计有五十五日。普通自三月十九至十一月十四，二百四十日中，户外多不结霜，而自有记录以来，最早之结霜日为十一月一日，最迟为四月六日。兹并表列其一九零四年至二十二年每月平均温度如下：

月份	百度表温度	月份	百度表温度
一	二·七	八	二七·一
二	四·〇	九	二二·五
三	八·二	十	十七·一
四	一四·三	十一	一〇·二
五	二〇·〇	十二	四·七
六	二四·一	平均	一五·二
七	二七·四		

（辛）雨量　关于南京之雨量，根据调查所得，由一九零五年至二二年，其每月平均量约如下表：

月份	平均雨量公厘数	下雨日数	月份	平均雨量公厘数	下雨日数
一	三九・五	九・五	八	一一五・一	一一・八
二	四六・二	九・五	九	一〇四・九	一一・七
三	七二・五	一一・七	十	五一・九	一〇・六
四	九九・六	一一・七	十一	四〇・一	九・〇
五	七三・七	九・八	十二	二九・九	四・〇
六	一八八・七	一三・七	总计	一〇八一・三	一二七・〇
七	二〇九・二	一三・八			

据上表，可知南京下雨日数约为一年百分之三十五，每年平均雨量约为一〇八一・三公厘（Millimeters），比之徐家汇天文台所报告之上海每年平均雨量一一四七・九公厘，略为减少，其中雨季，可分二期，其一则四月一期，其一则六月至九月之期间也。

（壬）[①]湿度　南京平均之潮湿度，与美国南加路连那州之查理士顿城相类，大抵湿度不如上海之闷人，器物之发霉，亦不如上海之容易。计其平均湿度，一月至五月约为百分之七七・八，此期间内，每月大抵相同。六月至九月约为百分之八一至八三，其中以七月为最大，即达百分八十三之数。十月至十一月约为百分之七八，十二月约为百分之七六，而每年平均湿度，则为百分之七十九也。

（癸）风　南京亦有大风，惟暴烈之飓风，则罕有吹到。关于民国十一年每季之风向及年中之风向，均于图一绘明。图中每线之长度，表示该向风吹之日数。在各季风向图上之线，每长二公厘（Millimeters）表示一日。在一年风向图上之线，每长〇・五公厘表示一日。普通风向多为东、东北及北三向。关于设置工业区及建筑飞机之升降路，此点最关重要，不宜忽略也。

（子）雾　关于雾之情形，不易得其记录。在民国十一年十月、十一月中，有七日可称为雾期。又一月至三月中，有三日可称为湿雾期。雾以晨间为多，江上尤然，多见于九月及年终之际。其在秋季，山坡及山谷间，常有甚低之雾，几于无日无之，大抵发见于朝夕之时，惟雾散后，则天气转而光朗清凉也。

以上所述，不过大略情形。其与设计有关之处，则所资以为根据者也。

①原书“（辛）雨量”与“（辛）湿度”重，此处改为“（壬）湿度”，以下顺延。

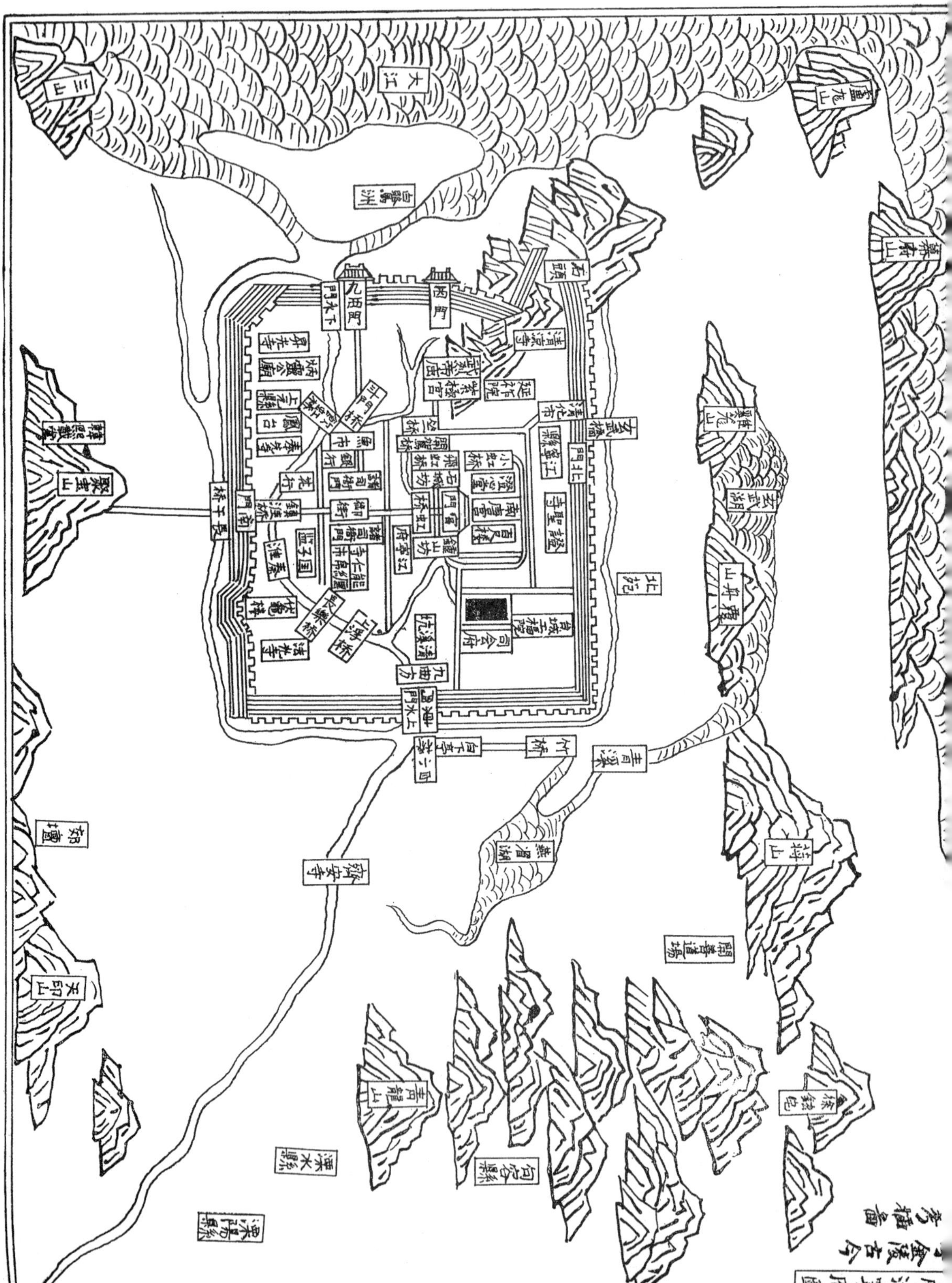

第二圖

图二

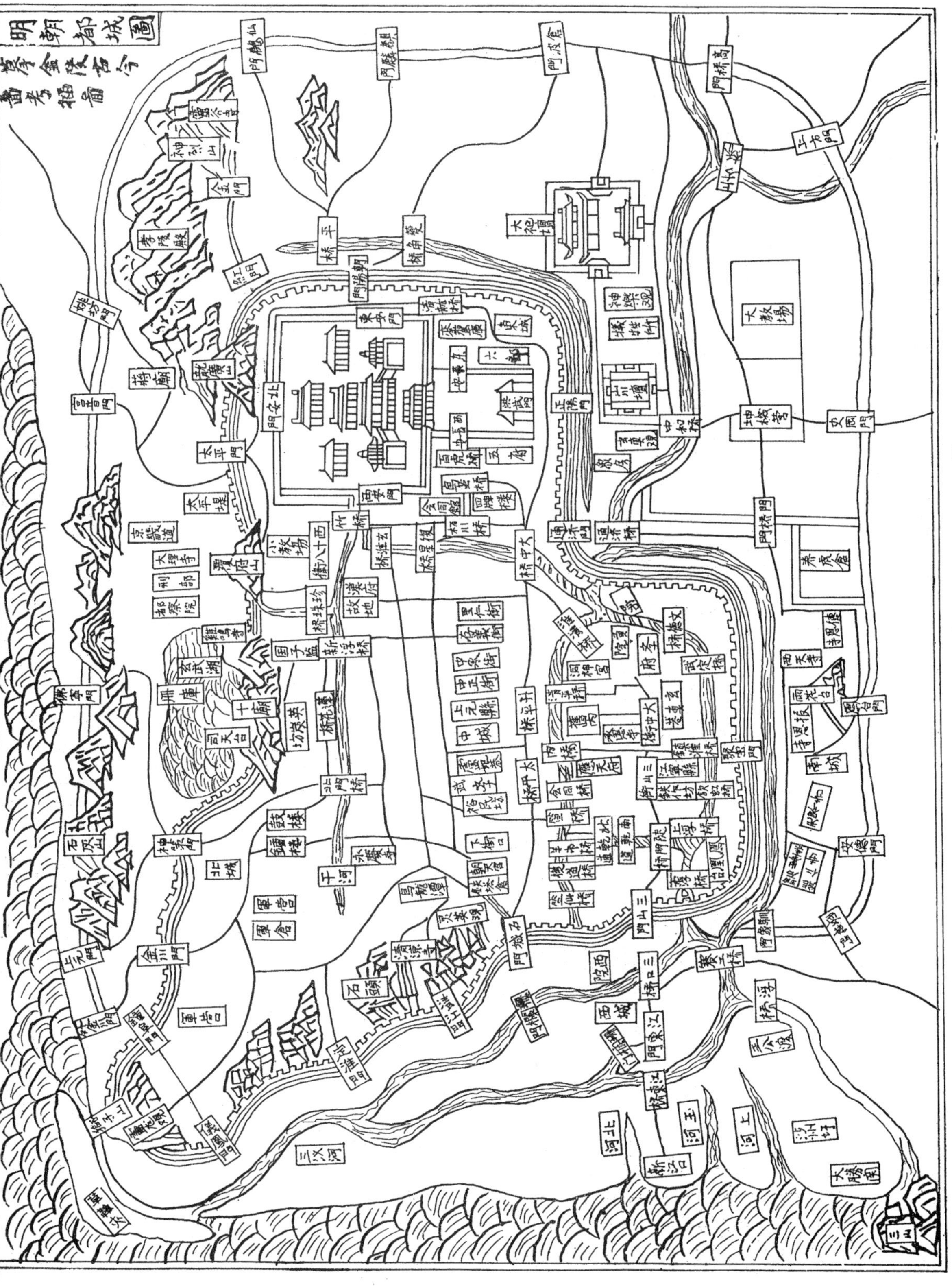

图三

南京名勝地點圖

所有名標在○或□內者為歷史上有名地點

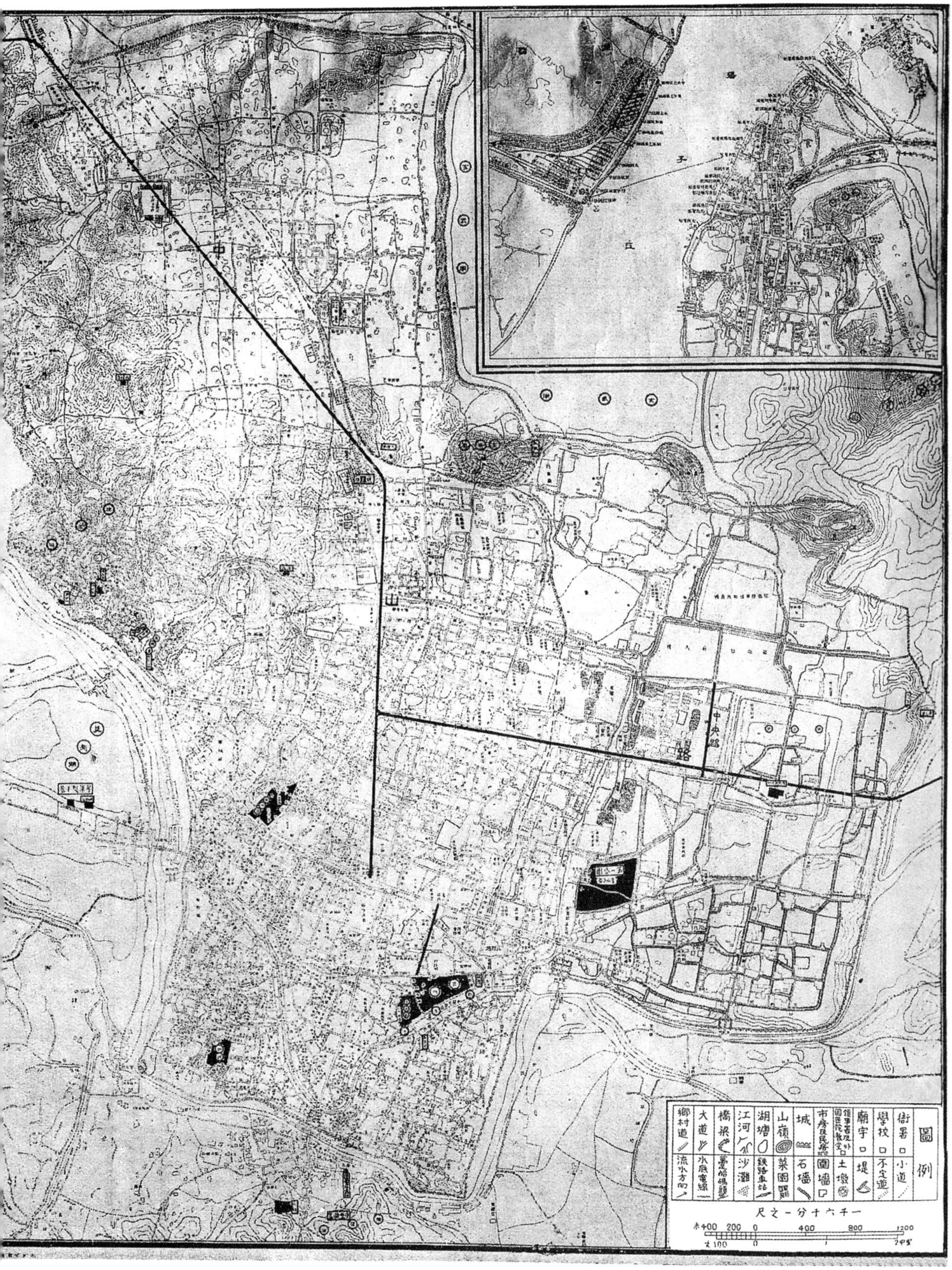

第四圖

民國十一年風向圖

WIND ROSES - 1922

[Meteorogical Station – National Southeastern (Central) University]
Annual Report, Published March 1924

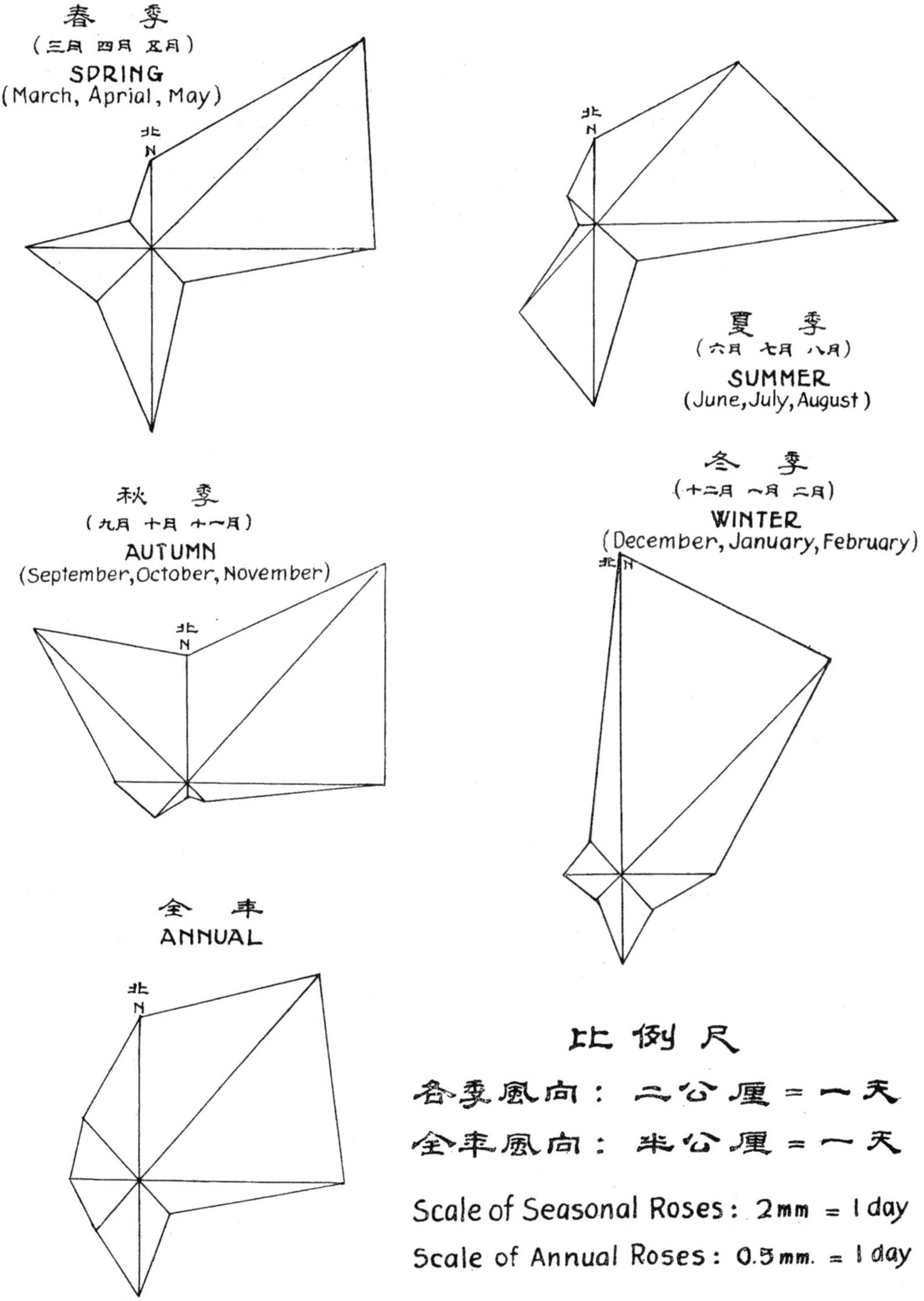

圖　　五　　第

图五

南京今后百年人口之推测

城市之设计，不仅为现在之市民设想，当并为将来之市民设想。时势迁移，人口之数量，当必随之而变动。故科学化之城市设计，关于人口某个期间内变动之趋势，必先从事于精审之研究，以为设计之标准。盖街道之如何开辟，港口之如何规划，电灯、自来水之如何设备，疆界之如何划分，以及其他各端，无一不有关于人口之数量。非先有详审之估算，则种种计划，将无以臻于切当而适用。故此次国都之设计，亦以研究人口之数量为先着也。

关于南京将来人口变动之趋势，其推测之方法，实与普通地方不同。普通地方人口之变动，苟无特别原因，只以自然变动率计算即足，即据生产死亡二率之差数以为推，即可定其将来之变化。南京一方既为政治的都市，一方又为工商业的都市。人民之移住不独有影响于人口之变化，实且为人口变化中之最大原因。故估计南京将来之人口，最简单之方法，亦当以自然变化及移住二者为根据。惟人口之增加，无论由于自然，抑出于移住，其数量虽或无限，而以种种之限制，必有一定而不可逾，过乎此限，设非向外移殖。抑将原境改造，将以生计之困难，或因卫生之不适，或并兼此二者而有之，死率亦因而大进。其增也虽无限，而其减也亦无限，相消相抵，人口之数量，终止于某个限度而已。关于估计南京将来之人口，此亦一至重要之点也。凡城市计划之效力，其所及之时期，必有一定之限度。此次国都之设计，约以百年为标准。故关于将来人口之估计，亦以此一百年为范围。国都之界线，既本所估定人口之数量而圈划。而界域既定，苟非别有改变，又无论何时，人口之增加，亦不能大过所估算之数量也。

在未研究南京将来人口之前，当知我国人口之情状。惟我国之人口，虽早有调查，而所得之结果，可靠者殊寡。此固由调查方法之未善，而其大半原因，实由人民不明调查之用意，以为调查之举行，即为征税之预兆。惩前毖后，每每隐匿数目，不露实情。然舍此而外，则又别无可据，大抵视为梗概，或亦不致大有出入也。《东方杂志》第二十四卷第十八号，曾载百八十年来我国人口之数目，兹摘录如下[①]：

年　份	人口总数	所据典籍
一七四一年（乾隆六年）	一四三，四一〇，五五九	东华录
一七九三年（同五八年）	三一三，二八一，七九五	东华续录
一八〇〇年（嘉庆五年）	二九五，二三七，三一一	东华续录
一八三五年（道光十五年）	四〇一，七六七，〇五三	东华续录
一八四九年（同廿九年）	四一二，九八六，六四九	东华续录
一九二三年（民国十二年）	四三八，三七三，六八〇	此为二十二行省之人数，分据邮局及内务部调查表

表中数目，皆有所据。然可否认为真确，实未易言。或者视为近似，比较切当耳。关于人口平均增加速率，该杂志亦曾根据各年人数，算如下表：

时　期	共历年数	平均每千人每年增加人数	人数加倍所需年数
一七四一～一七九三	五二	一五・一四	四六
一七四一～一八四九	一〇八	九・六三	七二
一七九三～一八四九	五六	四・九五	
一八〇〇～一九二三	一二三	三・二二	二一六
一八三五～一九二三	八八	〇・九九	
一八四九～一九二三	七四	〇・八一	八五九
一七四一～一九二三	一八二	六・一五	一一三

据上表所列，因时期之不同，增加之速率，遂互相悬绝。速率最大者达千分之一五・一四，计不满五十年即可加倍，最小者每年千人中竟不能增加一人。加倍期间，须历八百余年，其迟速不均如此。考其最大原因，大抵不出下列数种：(一)调查不确；(二)治乱不同。二者之中，后者似尤可信。盖自清代道光而后，我国迄无宁岁，缘之而民生由舒转蹙。举凡卫生之道，绝无余暇讲求，所以增加速率，格外低微也。故欲知一国人口增加之实情，以长期间计之，必胜于短期间。如上

①原书为“如左”。

表所列百八十余年之增加速率，约该千分之六·一五。衡之克尼布士（G.H.Knibbs）所列之一九〇六年至一九一一年各国人口增加速率估计表，那威千分之六·六，瑞典千分之八·四，奥匈千分之八·五，西班牙千分之八·七，虽均有不及，而亦不致大相迳庭。以此千分之六·一五为我国人口增加普通速率，或亦近之也。

其次，据海关之估计，南京近年人口之数目，约如下表[1]：

年　份	人口总数	年　份	人口总数
一九一二	二六九，〇〇〇	一九二一	三八〇，二〇〇
一九一三	二六九，〇〇〇	一九二二	三八〇，九〇〇
一九一四	三七七,一二〇	一九二三	四〇一,五〇〇
一九一五	三六八,八〇〇	一九二四	三九五,五〇〇
一九一六	三七八,二〇〇	一九二五	三九五,九〇〇
一九一七	三七七,五四九	一九二六	三九五,九〇〇
一九一八	三七六,二九一	一九二七	三六〇，五〇〇
一九一九	三九二,一〇〇	一九二八	四九七,五〇〇
一九二〇	三九二,一〇〇		

通观上表所列，南京人口，每每顿增顿减，可见自然变化而外，不免杂有其他原因。除一九二八年国都建立后人口顿增不计外，如一九二二至二三年一年间，人口突增由三十八万增至四十万；一九一八至一九年一年间，人口亦由三十七万六千突增至三十九万二千；又如一九二六至二七年一年间，突由三十九万五千减为三十六万。无论何处，人口自然之变化，皆无如此情形。兹取其较为近情之一九一四年至一九二二年八年间人口数目计算之，其每年增加率如下：

$$r= \text{人口增加率}$$

$$\log(1+r)=\frac{\log380900-\log377120}{8}$$

$$=\frac{5.58081-5.57648}{8}$$

$$=0.000541$$

$$1+r=1.00125 \qquad \therefore\ r=0.00125$$

如上所算，南京八年间每年人口增加之速率，仅为千分之一·二五，即

①原书为“左表”。

每千人年增一人余。尚不及法国战前人口增加率○・○○一六之速，仅在我国一八三五年至一九二三年增加率○・○○○九九之上。可知南京人口增加之速率，实甚低微。然较之南京特别市卫生局十八年生死率之调查，此率反称高越。该调查表如下①：

月份	全市人数	出生数	死亡数	生率千分比例	死率千分比例
一月	四九七,五二六	一九四	四六五	○・四一	○・九四
二月		一九三	四七二	○・四一	○・九五
三月		二○七	四六一	○・四二	○・九二
四月		二二○	四五五	○・四四	○・九一
五月		一五八	五一四	○・三二	一・○三

由上表观之，可见南京死率超过生率者倍，人口自然之变化，实有递减之现象。不过此系数月间事，长期或不如此，但即有增加，其势亦缓，上列○・○○一二五之数，似可信也。惟南京人口增加，何以如此迟缓，或更不免递减，以事测之，大抵由于卫生方面者多。盖食水之不洁，道路之多尘，在在皆有以促死率之增进，此其最为显著者也。惟此亦不过未经建设时代之现象，将来种种建设，一经完成，市民卫生，随而进步，此时人口变化，以上估我国普通增加速率千分六·一五衡之，当不为过耳。

南京建都而后，人口突由三十六万增至四十九万七千余。一年间计增十余万，可见移住者之众。惟此时中央政府组织，尚未大有扩充。参照外国中央机关职工与全国人口之比例，我国中央机关之职工，应达十万人之数。故将来组织扩充，移住者当又大增。又报偿递减之公例，所见于农事者，较之所见于工业者为尤速。人民由农转工，由乡迁城，实为自然之趋势。而如我国村乡之地力久竭者，尤见其然。南京并为工商之都市，将来建设完成，交通便利，人民之移住者必更多。兹以建都后突增十四万人为标准，假定工业都市完成，突增二十余万人；商业都市完成，又突增七八万人；将来政治组织扩充，新增之职工，及与新增职工连带而移住者，又增十余万人；此外又因物质建设之完备，来而享乐者，或更迭游历者，又数万人。则因人民之迁移，即除更迭游历者不计外，转瞬间便达百万之数。以自然增加率千分六・一五之数算之，一百十三年后，便达二百万人。倘因移住之故，南京人口总数，突增为一百零八万三千人，适经一百年即达二百万之数。其算式如下：

①原书为“如左”。

以 n 为所经年数

$$n=\frac{\log2000000-\log1083000}{\log(1-0.00615)}$$

$$=\frac{6.30103-6.034628}{0.0026645}$$

$$=100$$

由上种种推算，可知估计南京百年内之人口，以二百万人为数量，当不致有若何差误。虽或人口之迁移，不必即如上所假定者之突如其至，且就实在情形而论，人口又非一移即定，尔后亦必或去或来。然要而论之，上所估算之数目，总不至去事实甚远。又据海关调查，上海人数，一八七二年不过二十五万人，而至一九二八年，其中五十六年间，已增至二百六十余万。并可见此二百万之数，绝非过事之估算也。

南京百年间人口之数量，既估定为二百万人，此二百万人之分布，亦未可略而不论。根据所定分区条例人口密度之限制，并控除一切保留之空地，以南京城内而论，应住七十二万四千人，即每英亩七十一人半。其余一百二十七万六千人，悉在城外居住。此项分配方法，实甚适宜。以楼房建筑法之改良，公园之开辟，道路宽度之规定，既不虞其略有碍于卫生，且于经济方面，亦获益不少也。

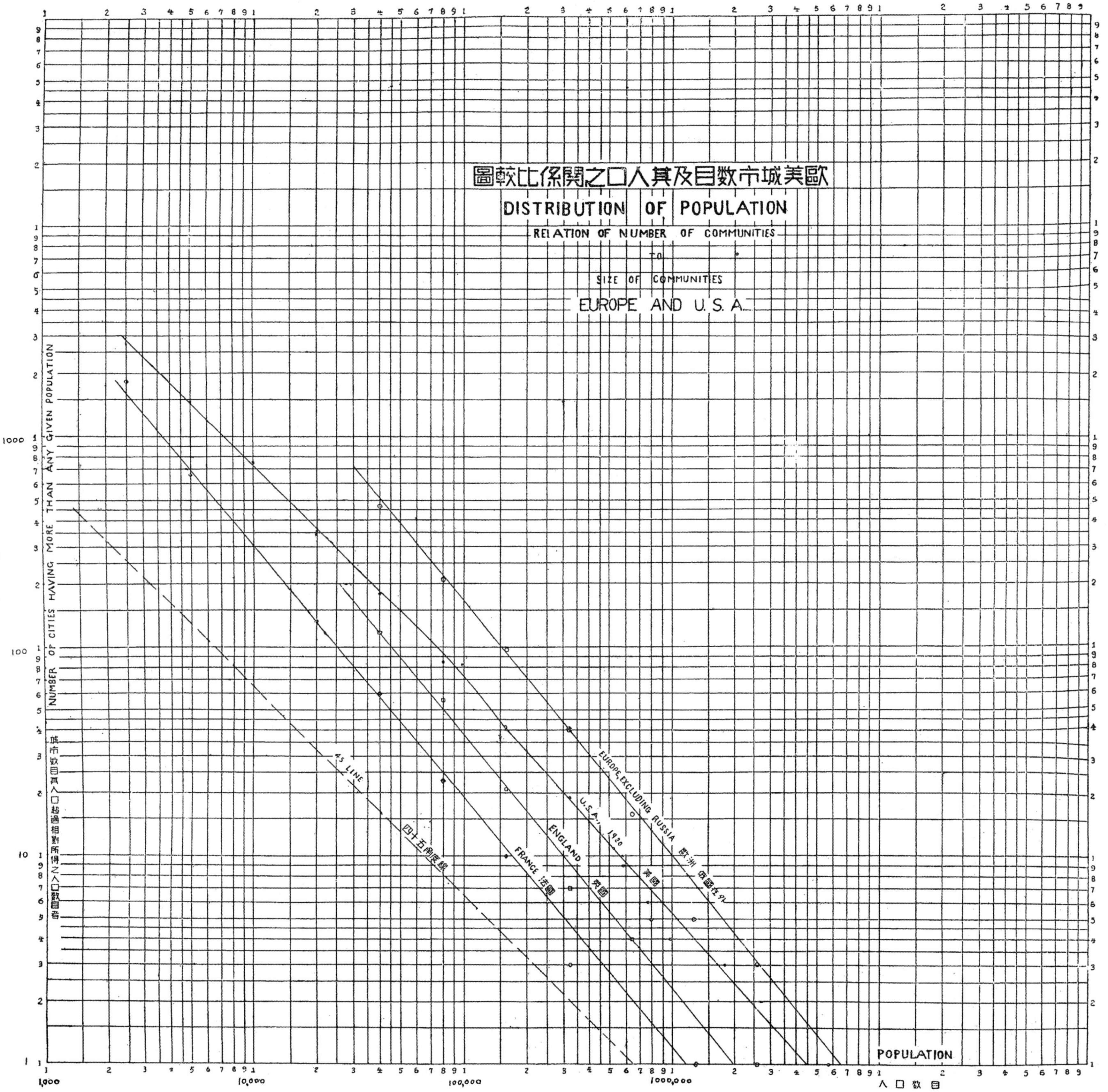

歐美城市数目及其人口之関係比較圖
DISTRIBUTION OF POPULATION
RELATION OF NUMBER OF COMMUNITIES
TO
SIZE OF COMMUNITIES
EUROPE AND U. S. A.
NUMBER OF CITIES HAVING MORE THAN ANY GIVEN POPULATION
城市數目其人口超過相對所得之人口數目者
45 LINE
四十五角度線
FRANCE 法國
ENGLAND 英國
U.S.A. 1920 美國
EUROPE, EXCLUDING RUSSIA 歐洲俄國在外
POPULATION
人口数目
1000
100
10
1
1,000
10,000
100,000
1000,000

圖 六 第

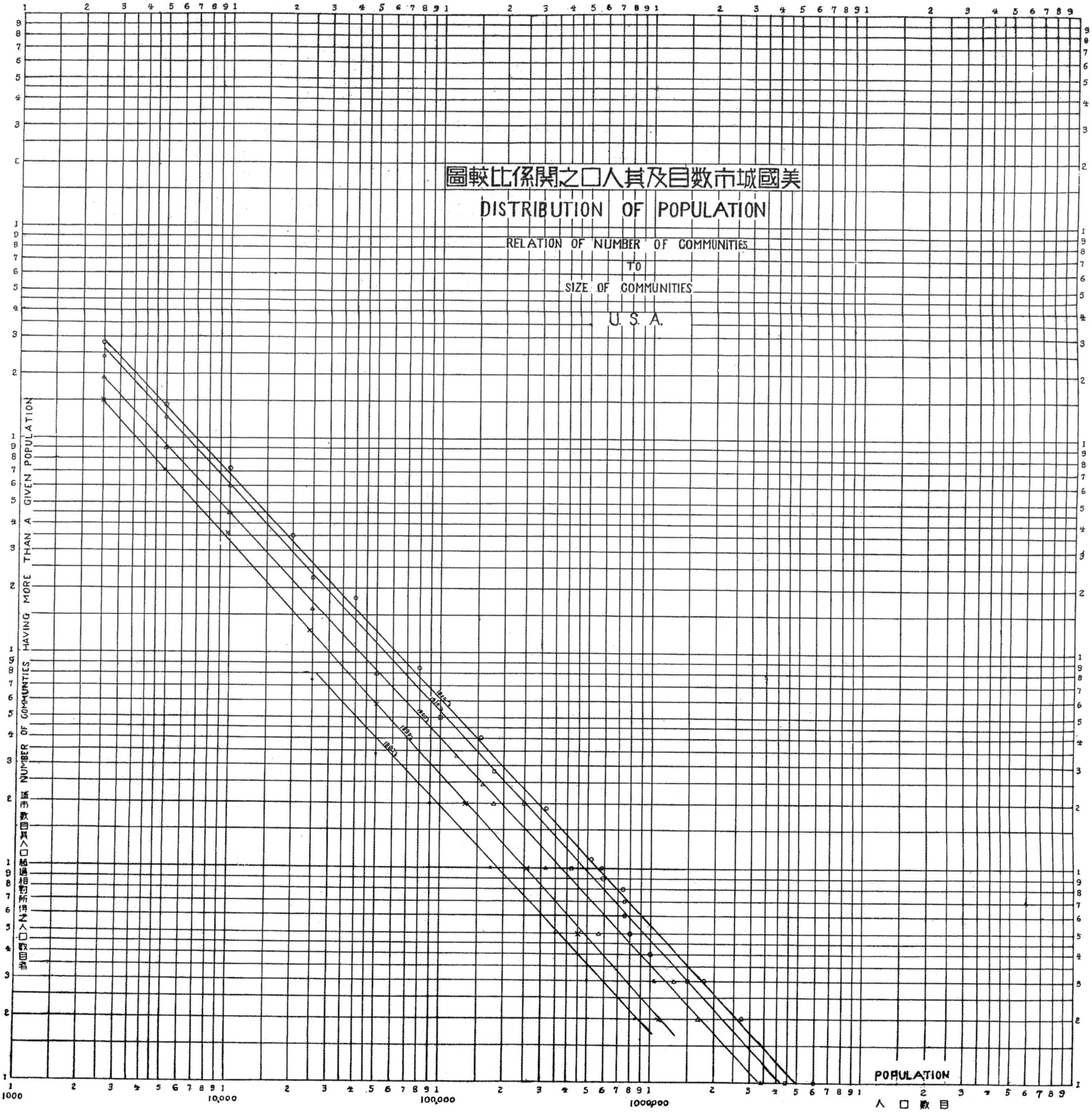
美國城市数目及其人口之關係比較圖
DISTRIBUTION OF POPULATION
RELATION OF NUMBER OF COMMUNITIES
TO
SIZE OF COMMUNITIES
U. S. A.
NUMBER OF COMMUNITIES HAVING MORE THAN A GIVEN POPULATION
城市數目其人口超過相對所得之人口數目者
POPULATION
人口數目
1000
10,000
100,000
1000000

第柒圖

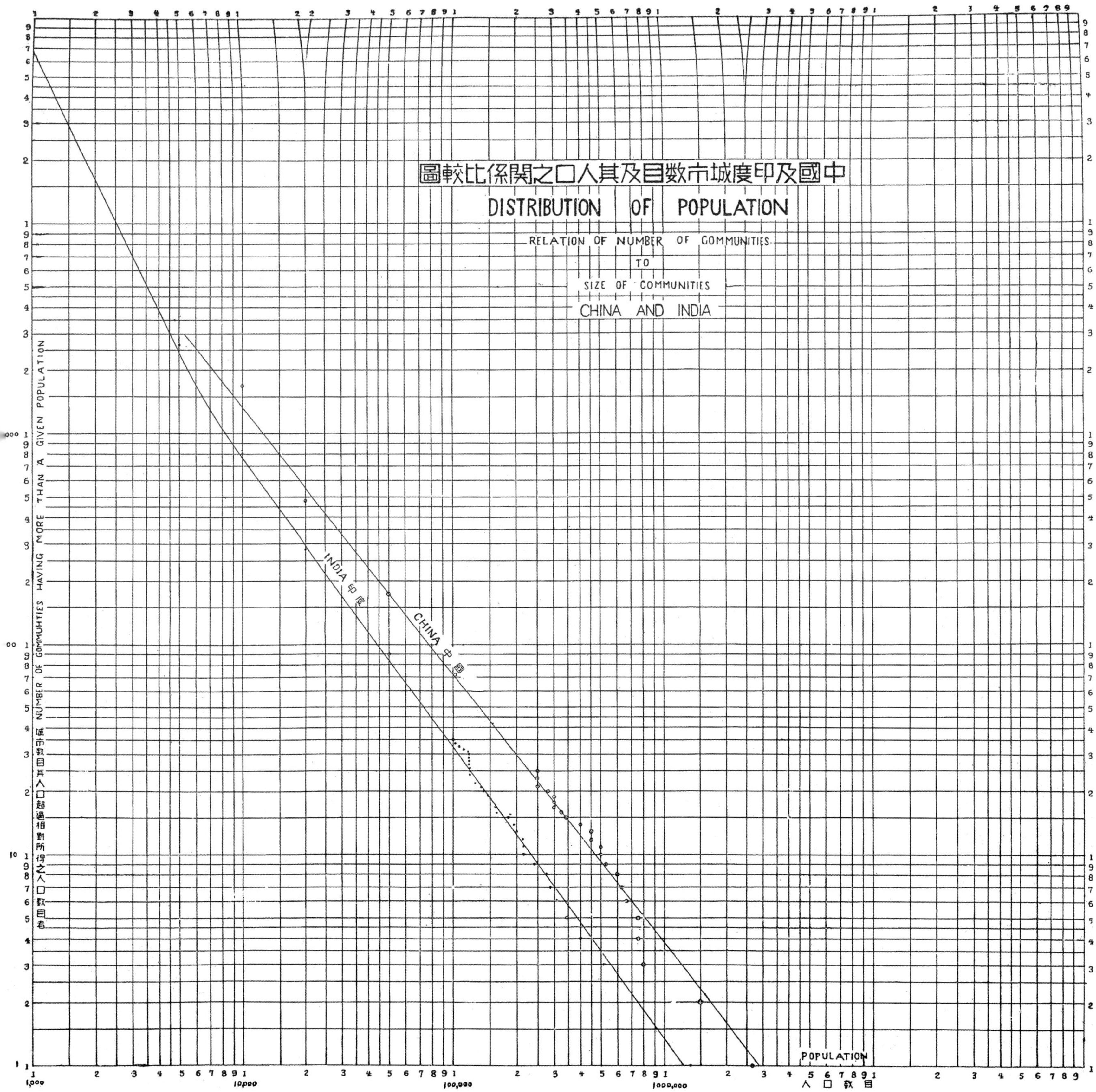

中國及印度城市數目及其人口之關係比較圖
DISTRIBUTION OF POPULATION
RELATION OF NUMBER OF COMMUNITIES
TO
SIZE OF COMMUNITIES
CHINA AND INDIA
NUMBER OF COMMUNITIES HAVING MORE THAN A GIVEN POPULATION
城市數目其人口超過相對所得之人口數目者
INDIA 印度
CHINA 中國
POPULATION
人口數目
1,000
10,000
100,000
1,000,000

第八圖

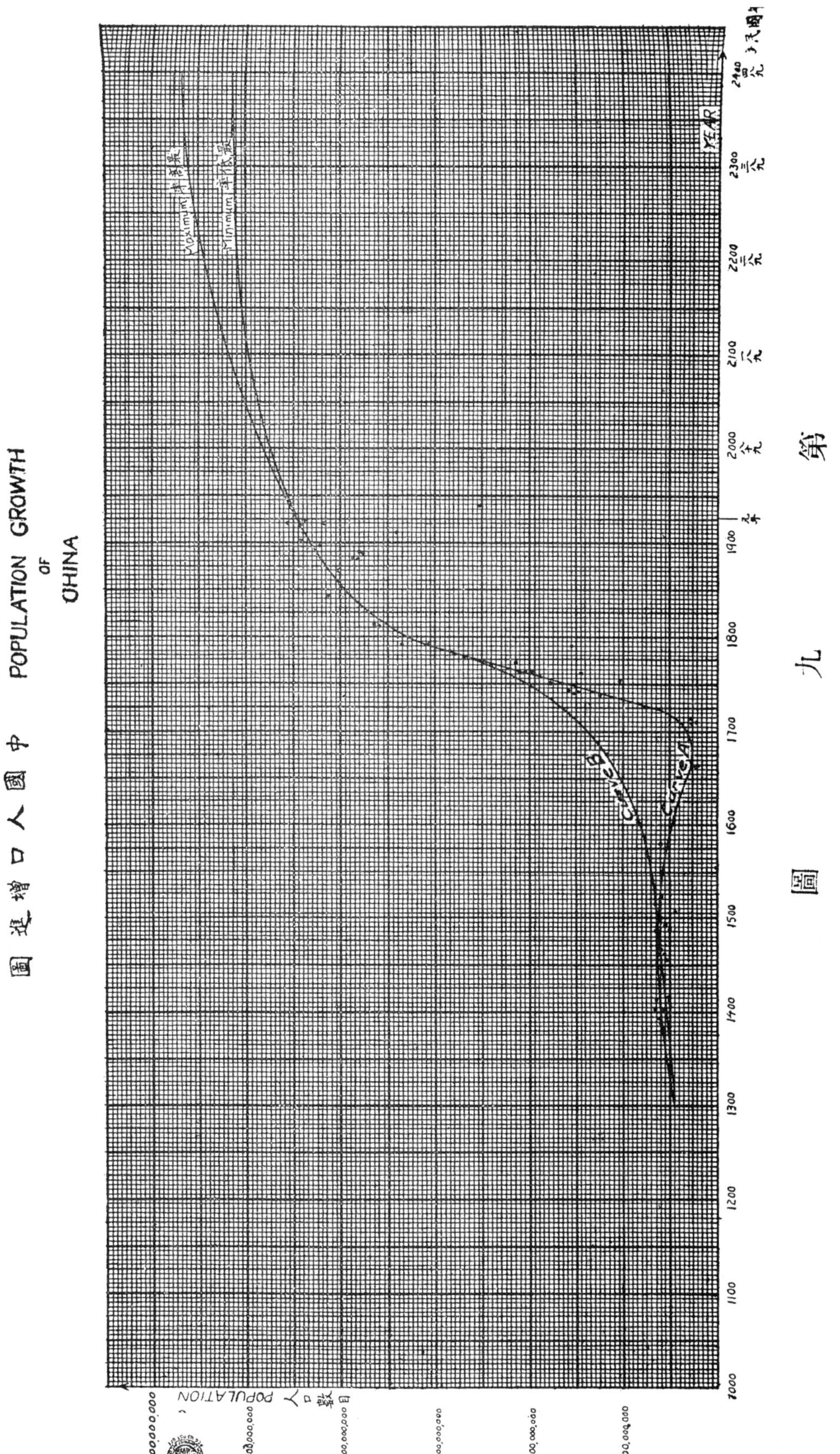
中國人口增進圖
POPULATION GROWTH OF CHINA
Maximum
Minimum
Curve B
Curve A
YEAR
POPULATION
人口數目
第九圖

图九

國都界綫圖

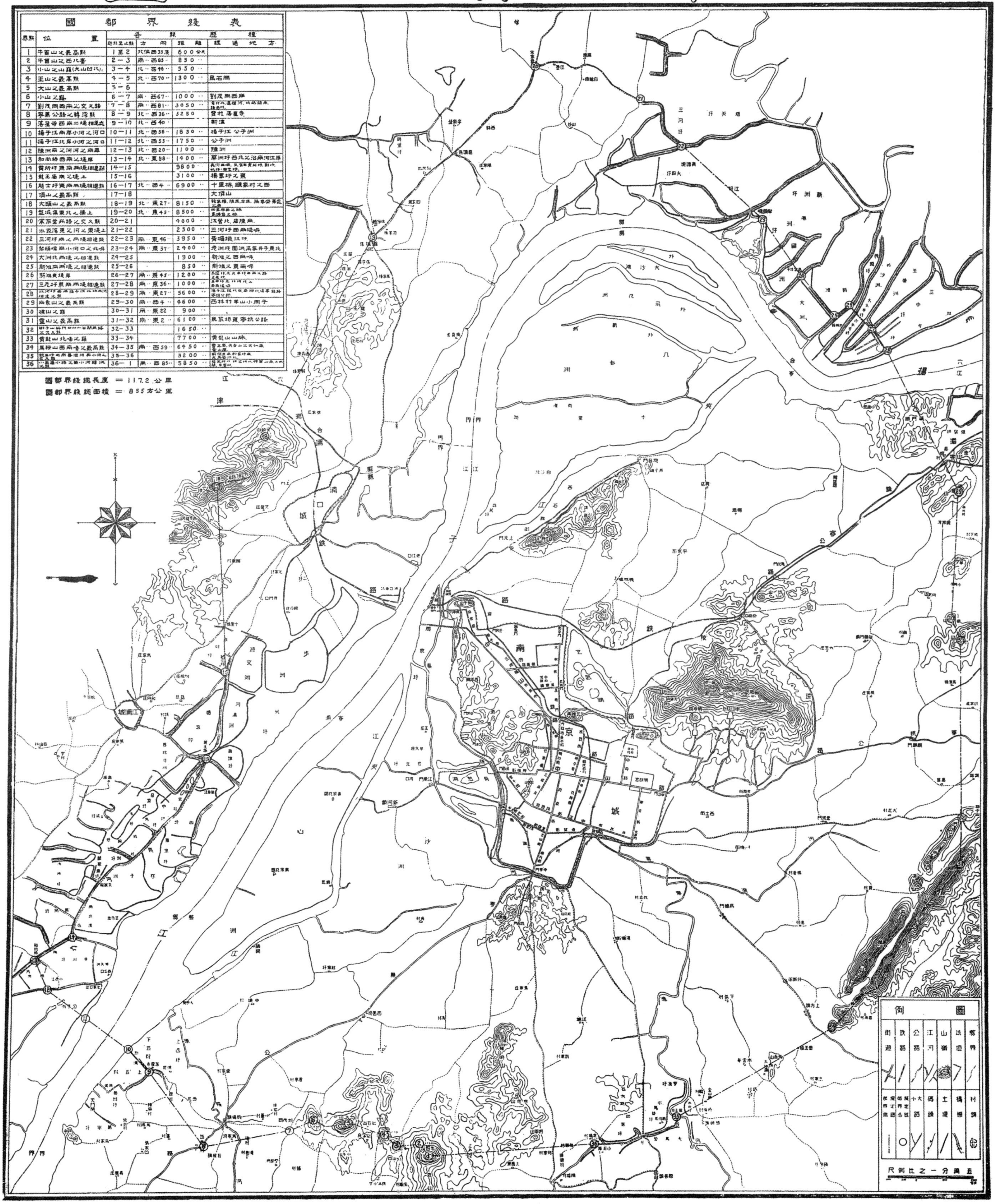

國都界綫表

界點	位置	各點歷程 起點至止點	方向	距離	經過地方
1	牛首山之最高點	1至2	北偏西35度	600公尺	
2	牛首山之西北峯	2—3	南‥西83‥	850‥	
3	小山之山巔(大山西北)	3—4	北‥西46‥	550‥	
4	王山之最高點	4—5	北‥西70‥	1300‥	風石岡
5	大山之最高點	5—6			
6	小山之麓	6—7	南‥西67‥	1000‥	劉茂岡西麓
7	劉茂岡西南之交叉路	7—8	南‥西81‥	3050‥	[illegible]
8	寧蕪公路之轉灣點	8—9	北‥西36‥	3250	曾村 落星寺
9	落星寺西南二堤相連處	9—10	北‥西40‥		新滙
10	揚子江南岸小河之河口	10—11	北‥西56‥	1850‥	揚子江 公子洲
11	揚子江北岸小河之河口	11—12	北‥西53‥	1750‥	公子洲
12	隊洲南之河河之南岸	12—13	北‥西20‥	1100‥	隊洲
13	和尚橋西南之堤岸	13—14	北‥東58‥	1400‥	草洲圩西北之沿南河江岸
14	賓所圩東南兩堤相連點	14—15		9800‥	[illegible]
15	龍王廟南之堤上	15—16		3100‥	楊家圩之東
16	趙士圩東南兩堤相連點	16—17	北‥西4‥	6900‥	十里橋 顧家村之西
17	頂山之最高點	17—18			大頂山
18	大頂山之最高點	18—19	北‥東27‥	8150‥	[illegible]
19	盤城集東北之橋上	19—20	北‥東45‥	8500‥	[illegible]
20	常家營兩路之交叉點	20—21		4000‥	江營北 廟隊南
21	水家灣東之河之東堤上	21—22		2500‥	三河圩西南堤埂
22	三河圩南之兩堤相連點	22—23	南‥東46‥	3950‥	黃場埂 江圩
23	架頭壋南小河口之北埂	23—24	南‥東37‥	2400‥	老洲圩 團洲 高家井子東北
24	大洲北兩堤之相連點	24—25		1900‥	新滙之西南埂
25	新滙南兩堤之相連點	25—26		850‥	新滙之東南埂
26	新滙東堤岸	26—27	南‥東45‥	1200‥	[illegible]
27	三汜圩東南兩堤相連點	27—28	南‥東36‥	1000‥	[illegible]
28	[illegible]	28—29	南‥東27‥	5600‥	[illegible]
29	兩象山之最高點	29—30	南‥西4‥	4600‥	西林村 羊山 小周子
30	橫山之巔	30—31	南‥東22‥	900‥	
31	靈山之最高點	31—32	南‥東2‥	6100‥	撫家橋東 寧杭公路
32	[illegible]	32—33		1650‥	
33	黃龍山北峯之巔	33—34		7700‥	黃龍山山脈
34	馬鞍山西南峯之最高點	34—35	南‥西59‥	6450‥	[illegible]
35	[illegible]	35—36		3200‥	[illegible]
36	[illegible]	36—1	南‥西85‥	5850‥	[illegible]

國都界綫總長度＝117.2公里

國都界綫總面積＝855方公里

第十一圖

图十一

首都界线

都市设计，务须将四至界线，首先划定。界线既定，而后一切计划，得就范围以内，按切面积之数量，地方之形势，人口之密度，交通之情形，以及其他各种状况，分别设定。复具完善统系，以使土地之应用，各得其宜。建筑物之设置，分配适当。而将来管理权限之纠纷，亦因界线既定，消除净尽。故于国都界线，自须及早划定。经详细之研究，所定之界线如下：

（一）由牛首山最高点（图中第一点[1]）起，循北偏西三十五度之方向，经六百公尺之直线，而至牛首山之西北峰（图中第二点[2]）。

（二）再由牛首山西北峰（图中第二点[2]），循南偏西八十五度之方向，经八百五十公尺之直线，而至在大山凹北方之小山山颠（图中第三点[3]）。

（三）再由小山山颠（图中第三点），循北偏西四十六度之方向，经五百五十公尺之直线，而至王山之最高点（图中第四点[4]）。

（四）再由王山最高点（图中第四点[4]），循北偏西七十度之方向，经一千三百公尺之直线，过乌石岗而至大山之最高点（图中第五点[5]）。

（五）再由大山最高点（图中第五点[5]），循参差之山脉，而至小山之颠（图中第六点[6]）。

（六）再由小山之颠（图中第六点[6]），循南偏西六十七度之方向，经一千公尺之直线，而至刘茂岗西南之交叉路（图中第七点[7]）。

（七）再由刘茂岗西南之交叉路（图中第七点[7]），循南偏西八十一度之方向，经汤村、横过运粮河，沿板桥镇之南，共经三千零五十公尺之直线，而至路西村东方宁芜公路之转湾点（图中第八点[8]）。

（八）再由宁芜公路之转湾点（图中第八点[8]），循北偏西三十六度之方向，经三千二百五十公尺之直线，过贾村而至落星寺西南方之二堤相连处（图中第九点[9]）。

（九）再由落星寺西南方之二堤相连处（图中第九点[9]），循北偏西四十度之方向，沿曲折河流之中线，经新沟而至扬子江南岸小河之河口（图中第十点[10]）。

（十）再由扬子江南岸小河之河口（图中第十点[10]），循北偏西五十六度之方向，经一千八百五十公尺之直线，横过扬子江，而至公子洲东南扬子江北岸小河之河口（图中第十一点[11]）。

（十一）再由公子洲东南扬子江北岸小河之河口（图中第十一点[11]），循北偏西五十三度之方向，经一千七百五十公尺之直线，横过公子洲，而至陈洲南之河之南岸（图中第十二点[12]）。

（十二）再由陈洲南之河之南岸（图中第十二点[12]），循北偏西二十度之方向，经一千一百公尺之直线，横过陈洲而至和尚桥西南之堤岸（图中第十三点[13]）。

（十三）再由和尚桥西南之堤岸（图中第十三点[13]），循北偏东五十八度之方向，经一千四百公尺之直线，沿草洲圩西北之沿南河左岸，而至黄所圩东南两堤之相连点（图中第十四点[14]）。

（十四）再由黄所圩东南两堤之相连点（图中第十四点[14]），沿长河之西岸，经朱家甸及黄所圩、刘圩、姚圩、田宝圩之东南岸，约经九千八百公尺之遥，而至龙王庙南之堤上（图中第十五点[15]）。

（十五）再由龙王庙南之堤上（图中第十五点[15]），沿东北向而转北向之堤岸，及杨家圩之东，约经三千一百公尺之遥，而至赵士圩东南二堤之相连点（图中第十六点[16]）。

（十六）再由赵士圩东南二堤之相连点（图中第十六点[16]），循北偏西四度之方向，经六千九百公尺之直线，经十里桥及头家村之西，而至顶山之最高点（图中第十七点[17]）。

（十七）再由顶山之最高点（图中第十七点[17]），循参差山脉，由东而北，经大顶山之巅，而至大头山之最高点（图中第十八点[18]）。

（十八）再由大头山之最高点（图中第十八点[18]），循北偏东二十七度之方向，经韩家楼及陈庄、方庄、张李齐之西，共经八千一百五十公尺之直线，而至盘城集东北之桥上（图中第十九点[19]）。

（十九）再由盘城集东北之桥上（图中第十九点[19]），循北偏东四十五度之方向，经四家周西面之桥，及葛塘集之桥，约经八千五百公尺之遥，而至常家营两路之交叉点（图中第二十点[20]）。

（二十）再由常家营两路之交叉点（图中第二十点[20]），经江营之北，庙陈之南，约经四千公尺之遥，而至水家湾东之河之东堤上（图中第二十一点[21]）。

（二一）再由水家湾东之河之东堤上（图中第二十一点[21]），沿三河圩之西南岸，约经二千五百公尺之遥，而至三河圩南之两堤相连点（图中第二十二点[22]）。

（二二）再由三河圩南之两堤相连点（图中第二十二点[22]），循南偏东四十六度之方向，经青塘埂及江圩，约经三千九百五十公尺之遥，而至犁头嘴南方小河口之北岸（图中第二十三点[23]）。

（二三）再由犁头嘴南方小河口之北岸（图中第二十三点[23]），循南偏东三十七度之方向，横过老洲圩、团洲经高家井子之东北，约经二千四百公尺之直线，而至大洲北两堤之相连点（图中第二十四点[24]）。

（二四）再由大洲北两堤之相连点（图中第二十四点[24]），沿新滩之西南岸，约经一千九百公尺之遥，而至新滩南两堤之相连点（图中第二十五点[25]）。

（二五）再由新滩南两堤之相连点（图中第二十五点[25]），沿新滩之东南堤岸，约经八百五十公尺之遥，而至本堤岸之东（图中第二十六点[26]）。

（二六）再由该堤岸之东（图中第二十六点[26]），循南偏东四十五度之方向，沿长庆圩及太平圩西南方之路，横过三老圩，共经一千二百公尺之直线，而至三老圩东南二堤之相连点（图中第二十七点[27]）。

（二七）再由三老圩东南二堤之相连点（图中第二十七点[27]），循南偏东三十六度之方向，沿三中圩、双河圩之西南堤岸，约经一千公尺之直线，而至双河圩西南扬子江岸北两河相连之点（图中第二十八点[28]）。

（二八）再由双河圩西南扬子江岸北两河相连之点（图中第二十八点[28]），循南偏东二十七度之方向，横过扬子江，经破门冈及蔡乡村，横过京沪铁路、宁镇公路，约经五千六百公尺之直线，而至南象山之最高点（图中第二十九点[29]）。

（二九）再由南象山最高点（图中第二十九点[29]），循南偏西四度之方向，经西林村、羊山及小岗子等，约经四千六百公尺之直线，而至横山之巅（图中第三十点[30]）。

（三十）再由横山之巅（图中第三十点[30]），循南偏东二十二度之方向，经九百公尺之直线，而至灵山之最高点（图中第三十一点[31]）。

（三一）再由灵山最高点（图中第三十一点[31]），循南偏东二度之方向，经马家桥之东，横过沪杭公路，约经六千一百公尺之直线，而至狮子山与门口山山谷间两路之交叉点（图中第三十二点[32]）。

（三二）再由狮子山与门口山山谷间两路之交叉点（图中第三十二点[32]），往南经一千六百五十公尺之直线，而至黄龙山北峰之巅（图中第三十三点[33]）。

（三三）再由黄龙山北峰之巅（图中第三十三点[33]），循西南方向沿黄龙山之参差山脉，约经七千七百公尺之遥，而至马鞍山西南峰之最高点（图中第三十四点[34]）。

（三四）再由马鞍山西南峰之最高点（图中第三十四点[34]），循南偏西五十九度之方向，经曹王庙、天青山之大仙庙及金山庙，共经六千四百五十公尺之直线，而至龙王圩之南秦淮河与小河之交叉点（图中第三十五点[35]）。

（三五）再由龙王圩之南秦淮河与小河之交叉点（图中第三十五点[35]），沿小河之中线，经前何庄、邵家圩之南，大马登圩之北，约经三千二百公尺之遥，而至定塘村东南、即小五库小桥之西该河转流之点（图中第三十六点[36]）。

（三六）再由该河转流之点（图中第三十六点[36]），循南偏西八十五度之方向，经赵家村、何家村之北，将军山之南，及上水阁，约经五千八百五十公尺之直线，而回至牛首山之最高点（图中第一点[1]）。

上项拟定之界线，均于图内详细志明，至所根据之理由，略如下列数项：其一，利用天然界线。查分水岭及不能通航之河道，并原有堤基道路等处，均属天然界线。本界线之拟定，凡有上项地点者，一概利用。其无此项地形者，所定界线，则以有一定角度及一定长度之直线为标准。其二，易与防守。查高山峻岭，最便军事防守。国都为中央政府所在之地，防守利便，最关重要。故所有牛首山、王山、大山、小山、顶山、大头山、南象山、横山、灵山、黄龙山、马鞍山等最高点，军事上所认为重要地点者，均须划入界内。其三，预备将来发展。查国都既为政治中枢，又属天然良港，铁路交通，复称便利。不特衣冠文物，以次荟萃其中，抑且工商事业，尤必与时俱进。现在人口总数，虽约五十万，惟察其继长增高之劳，倍蓰之数，不难渐达。故按切境内之情形，征之重大都会人口增加之速度，参之外国城市设计之经验，斟酌再四，以为此次设计，非预留可容二百万居民之面积，无以收百年内一劳永逸之大效。现计城内地方，按照良好城市计划，可容人口之数，至多不过七八十万。一过此数，即须在下关及城垣界外居住。故本诸上项理势，不得不拓展界域，以为将来之预备。且在首都境内。并须广留地段，以备种植，使市民得有新鲜蔬果之享用。故就拟定界线观之，区域初似过大，实则将来需用，非此不足。欧美城市，其因原定面积过少，思所展拓，而以政治经济牵掣之故，诸感困难者，征之历史，不一其事，此种窒碍，尤不得不预为顾及者也。其四，地域整齐适度。查界边地面，务须整齐，既不宜参错如犬牙，而四周与中心点之距离，亦不宜互相悬绝。故在可能范围以内，地形愈圆愈妙。现在所定界线，亦悉根据此理。查其所包括之面积，计八万五千五百万方公尺，周线则长一十一万七千二百公尺。以上项面积而计，如成为理想上之浑圆形状，周线应长一十万零三千八百公尺。较之现在界线，相差只一万三千四百公尺，故界内地面，实去圆形不远，而与地形整齐原则，适相符合。其五，避免将来纠纷。查通航水道两岸，务须划入同一行政机关统辖，否则将来建设，不免引起法律上、经济上种种纠纷。故关于扬子江经过之处，其两岸地段，均划入界内。又界线贯穿村落，必致同一村落，受两政治机关之统治，纠纷之起，亦所不免。故所拟界线，概不从村落中间穿越而过。其六，利便市民游览。查名胜地方，如雨花台、牛首山、燕子矶、三台洞、玄武湖、莫愁湖、幕府山、紫金山等，均为市民暇时游玩之地，故悉划入界内以利市民。上列六项，均为此次定界理由。至界内地方，则以鼓楼为中点。又总面积八万五千五百万方公尺中，浦口约占二万万方公尺，紫金山陵园约占三千一百万方公尺，长江、夹江等水面约占九千万方公尺。而水可淹没之地，计八卦洲约五千五百万方公尺；间于西部城垣与夹江之低地，约五千万方公尺；江心洲约一千八百万方公尺；浦口岸低地约五千万方公尺；共计一万七千三百万方公尺。此种地面，筑有适宜堤坝，亦可利用。由上而观，其长江、夹江等处纯系水面者，约占总面积十分之一。其低地之可筑堤利用者，又约占总面积五分之一也。

中央政治區界綫圖

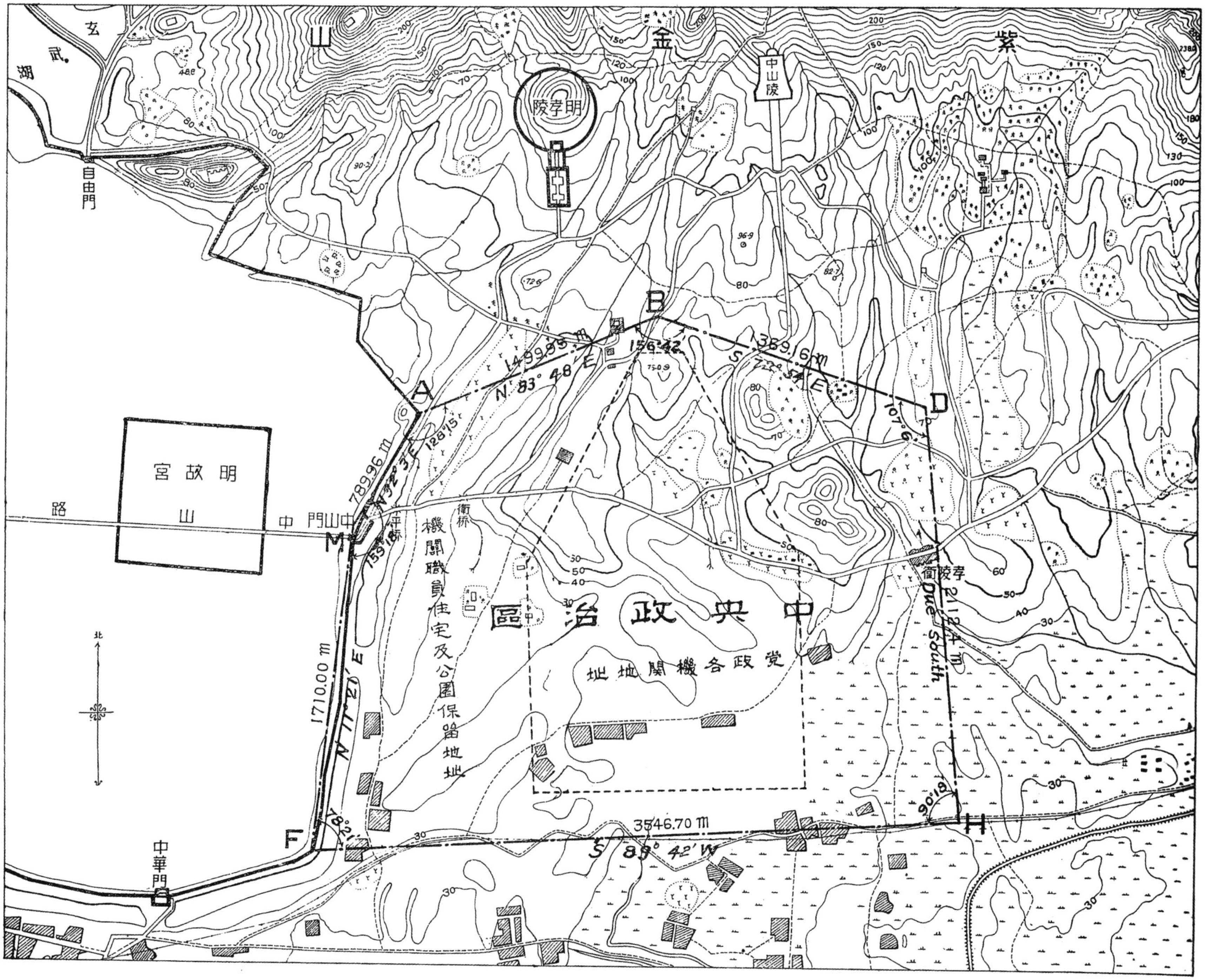

中央政治區	面積	77580公畝
	界綫長	11028公尺

二万五千分一之比例尺

國都設計技術專員辦事處			
中央政治區界綫圖			
設計	J. J. McCrosky	審定	林逸民
測繪	吳翊 陳宗	日期	十八年六月 日
校對	[illegible]	編號	GB

第十二圖

图十二

中央政治区地点

中央政治区地点之选择，应就其地面积、位置、布置、经营与军事上之作用，及与国民思想、观感、习尚之关系，一一详加研究，分别鉴衡，以为取舍之标准。征之察勘所及，参以地图所载，紫金山南麓、明故宫、紫竹林三地，均有可采之点。惟详相比较，则实以紫金山之南麓最为适用。盖其地处于山谷之间，在二陵之南，北峻而南广，有顺序开展之观，形胜天然，具神圣尊严之象，若就上举各端考察，均甚妥适，中央政治区域之选择，盖无逾此。兹将其优点所在，分述如次：其一，面积永远足用也。查中央机关职工之人数、应行保留空地面积之总数、建筑物最适宜之高度，三者均为中央政治区域面积大小所由决。惟应留空地之多少，本之职工人数而定；而职工人数之多少，又复因时而异。故关于面积方面，不能只适现在，且须预及将来。现在中央机关职工，据调查所得，总计约九千五百余人。惟此恐各方填列，或未尽确，且时移事迁，尤不能以此数为一定不易。稽之外国中央机关职工人数，美国有六万零六百六十人，较之全国人口一万一千九百三十余万之数，约当二千分一；英国有五万二千五百一十人，较之全国人口四千四百一十七万四千之数，约当八百分一；法国有一十二万八千七百余人，较之全国人口四千零六十余万之数，约当三百二十分一；俄国有二十七万人，较之全国人口一万四千六百三十余万之数，约当五百四十分一；波兰有一万二千一百三十三人，较之全国人口二千九百余万之数，约当二千五百分一。其职工人数及与全国人口比例数，两者皆远出我国之上，故上项调查所得之数，即使现在能认与实际符合，而因政务日趋繁赜，将来职工之递增，可以断言，倘以美国为标准，每二千人民中有中央职工一人，则我国人民以四万万计算，上项职工当有二十万人。今姑以此为过多，然以十万计之，情势所趋，将来当必及此。

准此推算，合之所拟定建筑物最适宜之高度，中央政治区域，应有一又四分三方英里乃至二方英里之面积，方可敷用。而紫金山南麓地方，照图上界线所括，面积约二又十分九方英里，约我国一万一千一百亩，必能永久足用。其二，位置最为适宜也。查中央政治区域，最重交通便利，故对于京内重要地方，如职员住宅、火车总站、轮船码头、商业区域及大旅馆、大戏院所在地等；对于京外重要地方，如邻近之繁盛市镇等，均须与之密迩联络。对于工业区域，又须远相距离，以免嚣浊侵扰。现在紫金山南麓之地，火车总站既拟建筑其西，明故宫地址将又成为商业区及建筑旅馆、戏院、百货店等最宜之处。山麓四周，且有广阔适用地点，将来职员住宅，即建其中。中山大道，直达境北。轮船码头，距离虽远，联络亦易。而新近拟筑通至上海、杭州、镇江等市镇之大道，又从境中经过，将来来往，绝不困难。故以交通言，无论京内京外，便利均无逾此。至于所定工业区域，远在三汊河之南，喧阒之声、恶浊之气邈不相及。又考南京发展趋势，实向东方，居民中心，将又必在其地。此其位置，实最为适宜。其三，布置经营易臻佳胜也。其地既属山谷，不致一望坦平，而又斜度缓和，迥与悬峭者异。关于建筑方面，不独易臻新巧，且高下参差，至饶变化。而北部地面，居高临下，俯瞰可尽全城，气象尊严，又无逾此。且主要机关建在中央，其他环列两旁，有如翼辅拱辰之势，若出自然，抑建筑大道，互相贯连。察其地形，施工又便，加以凿筑湖池，择地最易，园林点缀，随在皆宜，于庄严璀璨之中，兼擅林泉风景之胜。至于区内建筑，一时恐难并举，或须分次进行。而该地形同蚬壳，即使分期建筑，亦复具有系统，秩序井然，此又布置经营易臻佳胜之优点。其四，军事防守最便也。查紫金山峙立境北，高四百五十公尺，形势险要，关系军事至巨。一建炮台，实具建瓴之势，军用械机场，适在其南，兵营又相接近，调遣灵活，殆无复加。其五，于国民思想上则有除旧更新之影响也。查世界新建国都，多在城外荒郊之地，如澳京之近巴那、土耳其之安哥拉、印京之新大理，无一不然，一方固可规划裕如，一方亦有鼎新革故之意。该地位于郊外，实与斯旨相符，他如地在总理陵墓之南，瞻仰至易，观感所及，则继述之意，自与俱深。而地向南方，夏凉冬暖，又与国中建筑习尚深相符合，此又其另一方面之优点也。以上各端，皆为选择此地最大理由。其区域界线，另于地图详志（见第十二图），兹不缕述。至于明故宫、紫竹林二地，非无可采之处，惟与紫金山南麓比较，不逮实远，其中理由，并述如下：其一，关于紫竹林者。查紫竹林地方，全部几尽平坦，适与紫金山南麓相反，此等地面，建筑布置实难具有美观。且地在今城之北，与南京发展方向，未能相同，倘用为中央政治区域，将使本京发展，易向而趋。而东北地方之最适于住宅区用者，必转而为商业区域，全京最繁盛之地，乃成长狭之形，而失其四面平均开展渐成圆形之势，故不可用。其二，关于明故宫者。查以明故宫为中央政治区域，如位置适中，如地多空旷、易于规划，皆其优点所在。惟此两项优点，并非明故宫所独擅，即紫金山南麓亦具有之，且舍此而外，全部地面均系平坦。关于建筑方面，难臻佳胜，此又不如紫金山南麓者也。抑更有进于此者，遍览南京各地，火车总站最宜建于明故宫之北，而总站之南，又为商业区最良之地。一因适当发展方向之冲，地点适合；一因面积广大，适为繁盛市场，且该地现价甚低，大半又属官有；一成为商业区域，地价必倍蓰增加，政府收入，因亦大进。若取为行政区域，无论商业区域，别无他处可以相当，而政府收入损失亦当不少。盖用紫金山南麓为中央政治区域，则明故宫适为商业最宜之地；改用明故宫为政治区域，紫金山南麓未必可为商业用也。综上正负各面理由，中央政治区域地点，终以紫金山南麓为最适当也。

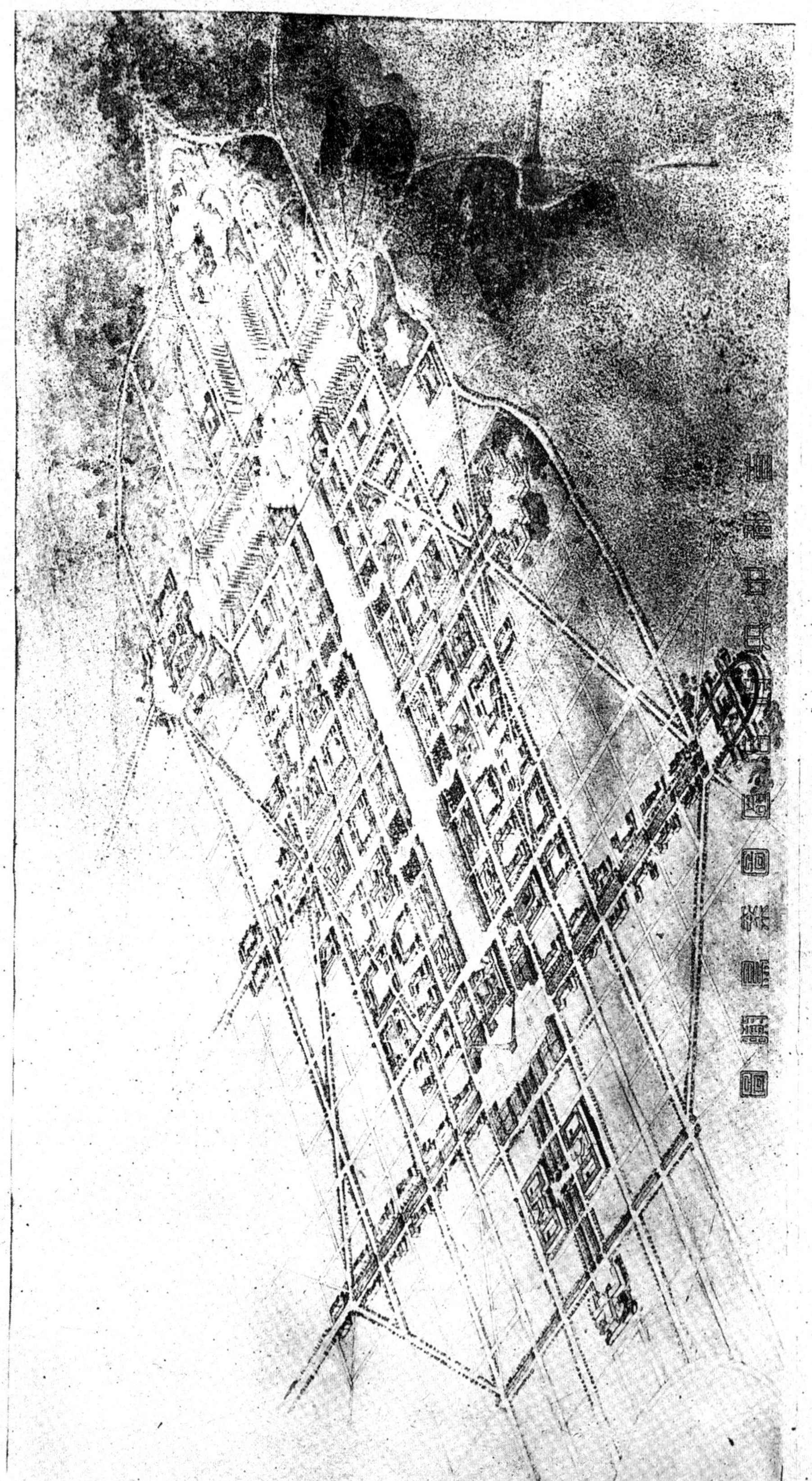

第十三圖

图十三

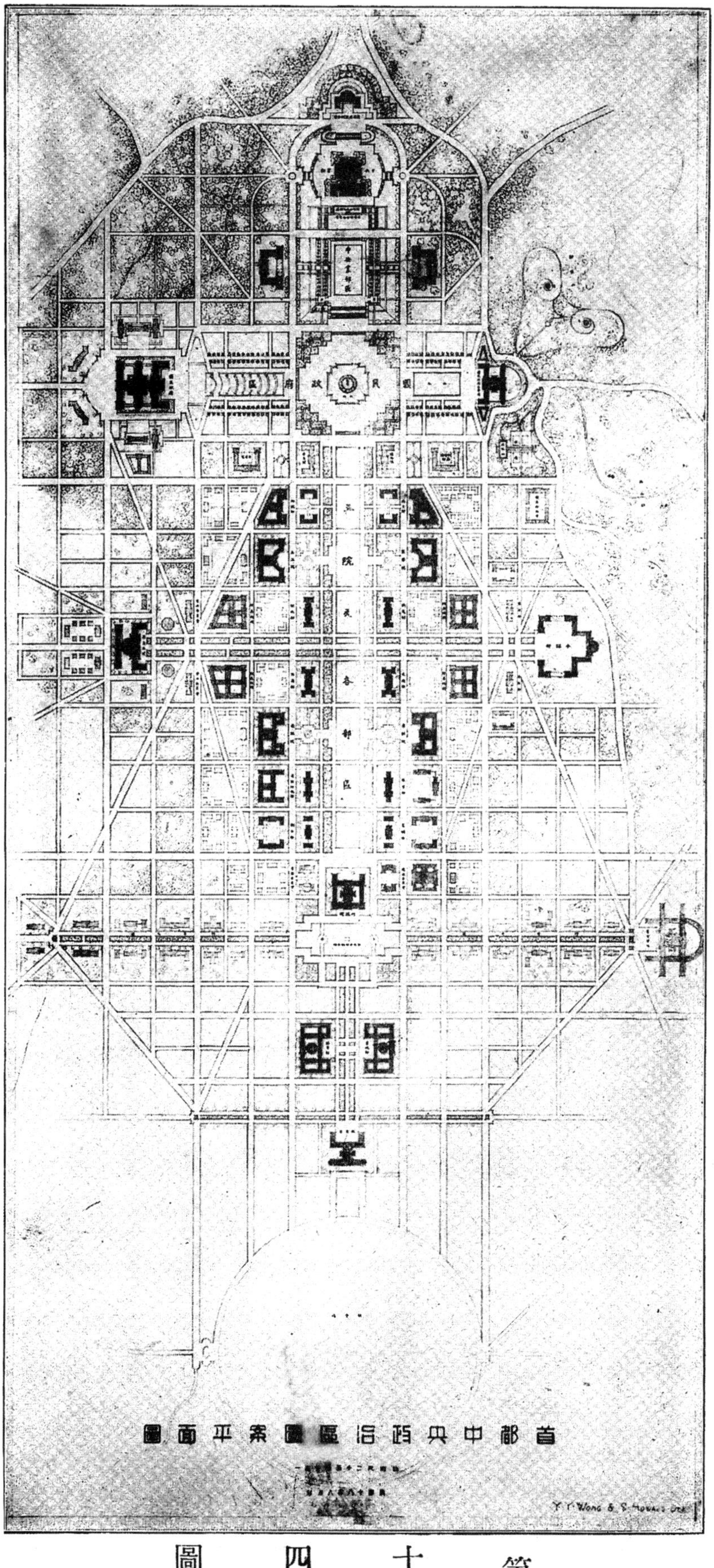

第十四圖

（第十四图）

图十四

中央黨部正面圖

國民政府正面圖

院署正面圖

部署正面圖

首都中央政治區圖案

第十五圖

图十五

擬留中央政治區
與
美京華盛頓保留之中央政治區
面積比較圖

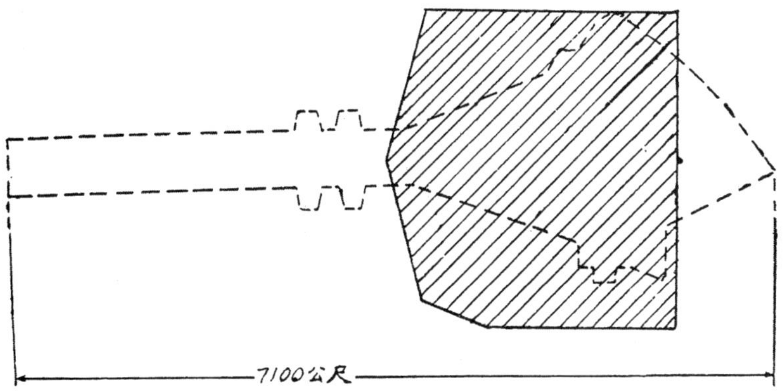

擬留中央政治區面積=77580公畝(實綫)
美京華盛頓保留面積=65000公畝(虛綫)

比例尺：$\frac{1}{50000}$

第十六圖

图十六

傅厚崗市行政區界綫圖

第十七圖

市行政区地点

南京市既属天然良港，又为国都所在之地，地位之重要，实有超过国内一切城市之概。市政之进行，既因此而为举国观瞻之所系，故市行政区地点之选择，自不能不求其适当，使一切市政之实施，一切市况之调查，均臻便易。

本诸各国之经验，关于市行政区地点之选择，有必不可背之原则四项：其一，市政必随时代而发达。职员之逐渐增加，组织之逐渐扩大，实为一定之趋势，故关于该区之面积，当以无碍其最高度之发展为标准。其二，市政机关与一般市民具有直接或间接之关系。故该区地点之所在，务须交通便利，而与主要之干道接近，而又不致冲过，以免发生挤拥之弊。其三，为保持市府之尊严及引起市民之注意计，在不背其他原则以上，该区应位于地势较高之地点。其四，市机关之性质约分二类。与市民时有直接之关系者，如登记处、征税处之属，为第一类，此类机关之所在，应密迩市民之集中地点；与市民无甚直接关系者，如警察训练所、惩戒场之属，为第二类，此类机关不妨距离较远。又第一类之中，有可聚合于一处者，有应分散于各处者，亦应分别设置。市行政区地域之所包，只指前者所言，其应分散于各处者，如消防分处、警察分区等，当另就市内各处，择适当之地点。

市府组织之繁简，各国不同，各市亦异，一视其社会发达之程度何如。现在欧美各市之机关，其普通者，有市政厅、财政局、工务局、公安局、卫生局、教育局、公用局、社会局、土地局等。而各大城市中，事务较为繁赜，于上举主要机关而外，并分设其他机关，分别隶属于其下，如税务局、工程处、港口管理处、公园管理处、森林管理处、城市设计委员会、桥梁处、公共市场管理处、道路洁净处、失物调查所、交通管理所、警察训练所、消防总所、惩戒所、警察审判所、监狱、妇女救济所、市立医院、慈善事业管理处、职业介绍所、公众图书馆、演讲堂、公共体育管理处、博物馆、水产馆、自来水事务所、电气事务所、长途汽车事务处，屠场管理处、董事会、立法会、法规局、文官考试处、执照事务处、度量衡事务所、统计处、材料采办处、登记局、法院、公共屋宇土地事务处、平民住宅局、市政府职员住宅事务处、公共宴会堂、公共展览室、市立银行等等，皆具最普通者也。南京市政，虽在萌芽时期，然各种机关之设置，相差亦不甚远。

机关之职员人数，亦随社会之发达，人口之增进，递有增加。据调查所得，一九二八年，纽约市职员之人数，连市立学校教员及警察、清道夫、杂役等统计，共为一十三万二千人，当纽约人口约六百五十万，职员实占全市人口五十分之一。据此以为标准，又假定南京人口在最发达时期共为二百万，则市府职员应有四万之数。再以每一职员所占办公地面之平均数、应留空地之平均数、机关房屋所拟建高度之平均数综合计算，此四万之职员应有八百二十五亩之面积，始可尽量容纳。此外如公共大运动场、游戏场、公园草地、公众聚会所等，亦应留回相当之面积。南京市行政区应留之地面，不能不据此以为标准也。

京内大钟亭、五台山两处，实为市行政区最好之地点，此次选择所及，即以此二地为之。以第一原则言，所定大钟亭界内之面积，计约六百四十六亩半；所定五台山界内之面积，计约九百五十五亩半，两者合计共为一千六百零二亩。除建筑机关以外，并所留回广大之公共运动场、公园及聚会堂等，永远足用，故深相适应。以第二原则言，大钟亭在鼓楼东北，中山马路即由其附近经过，与中山马路平行之干路，所拟定之路线，亦与之密迩，实当来往之会，交通极为便利。五台山虽略偏于西部，现无何等干路与之接近，唯将来工业区一经开辟，所定干路次第筑设，交通亦复至便。以第三原则言，两地地势皆高出于其附近之地面，建筑各物容易望见。一方固可增加市府之尊严，一方亦可引起一般市民之注意。至于大钟亭一处，较近将来市民集中之地点，绝适于建筑市政府及各局等与市民日常多所接触之机关。五台山内，有一天然之郊外椭圆形运动场，所有公共运动场、公共会所、图书馆、博物院及各种文化机关，皆可建筑其处，此又与第四原则深相符合也。

关于上举二地之方位地形界线，另有地图绘明。市府对于该两地点。虽非即时完全建筑，但仍须预行保留，以免将来窒碍。

地点既定，此时所应计划者，则为其中之建筑。建筑时所应根据之原则，约有三项：其一，性质相近之机关，务须聚合一处，使成统系；其二，各机关既系逐渐增设，建筑手续自非同时进行，故对于地面之分配，务须通盘计算，使无论何时，建筑物皆不失一整个的结构，优美而适用；其三，屋宇形式，对于本国固有之艺术精神，务须尽量表现，俾市民易起一种观感。关于屋宇之布置，另图绘明之。

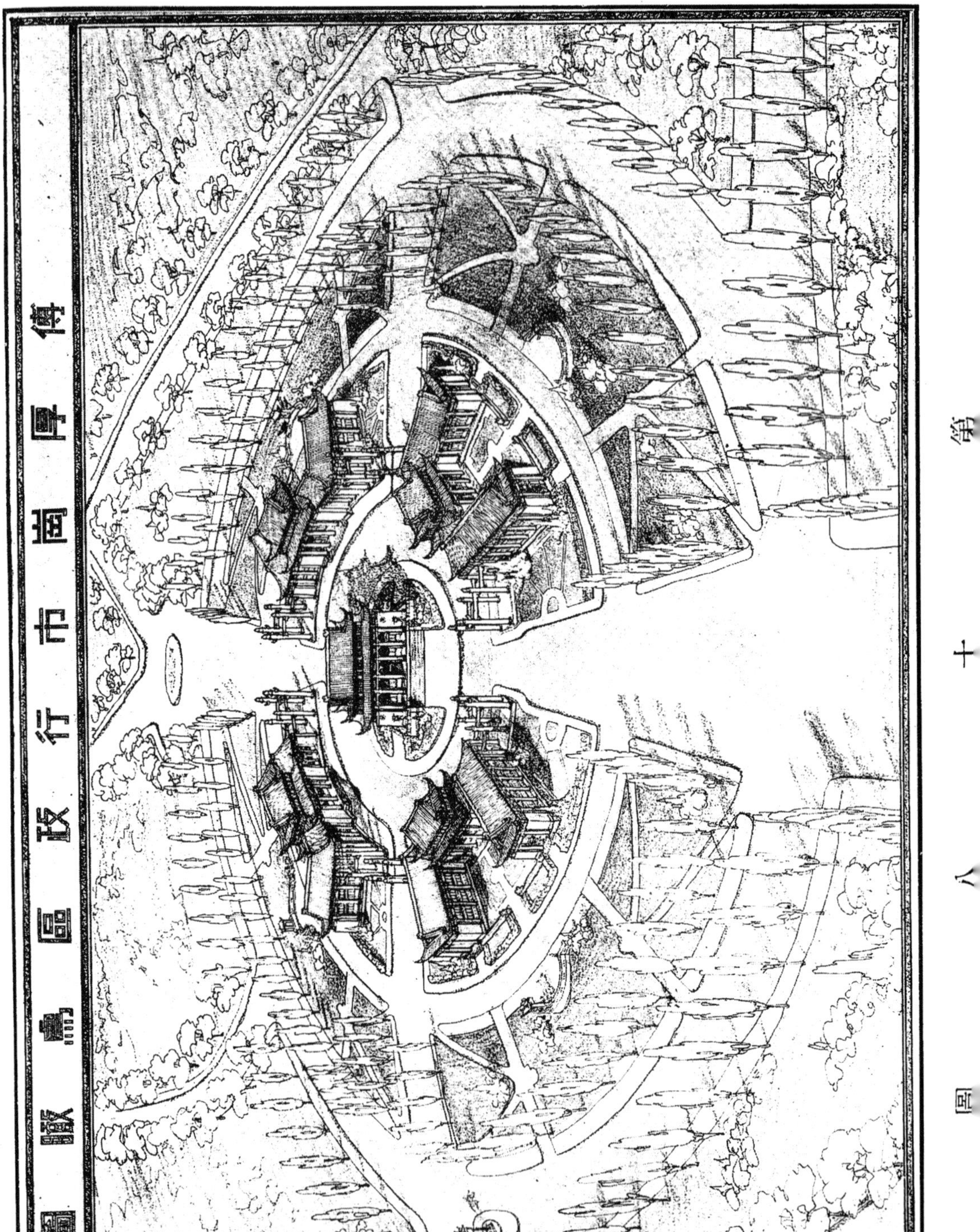

图十八

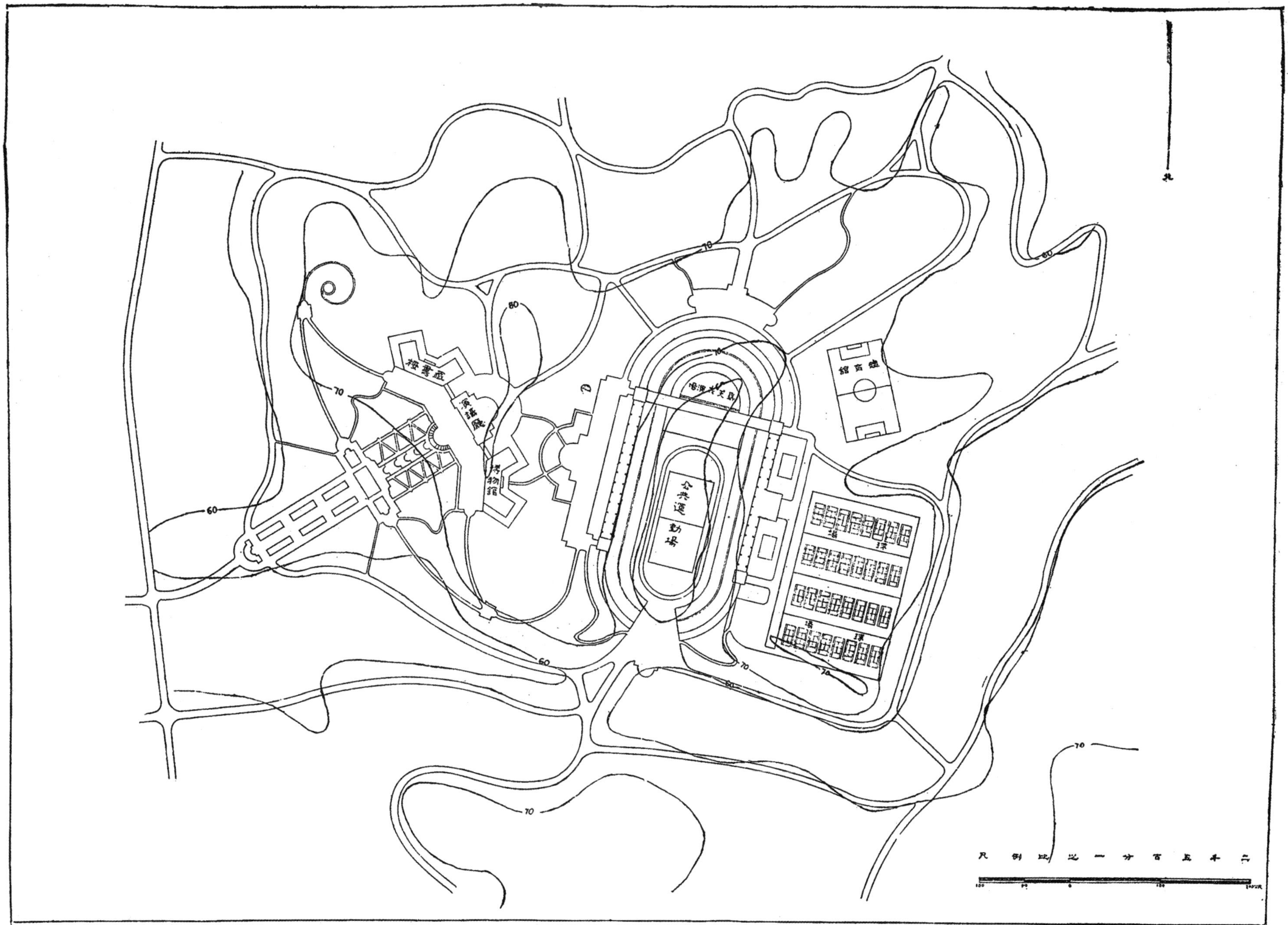

五台山一帶文化區平面圖

第十九圖

图十九

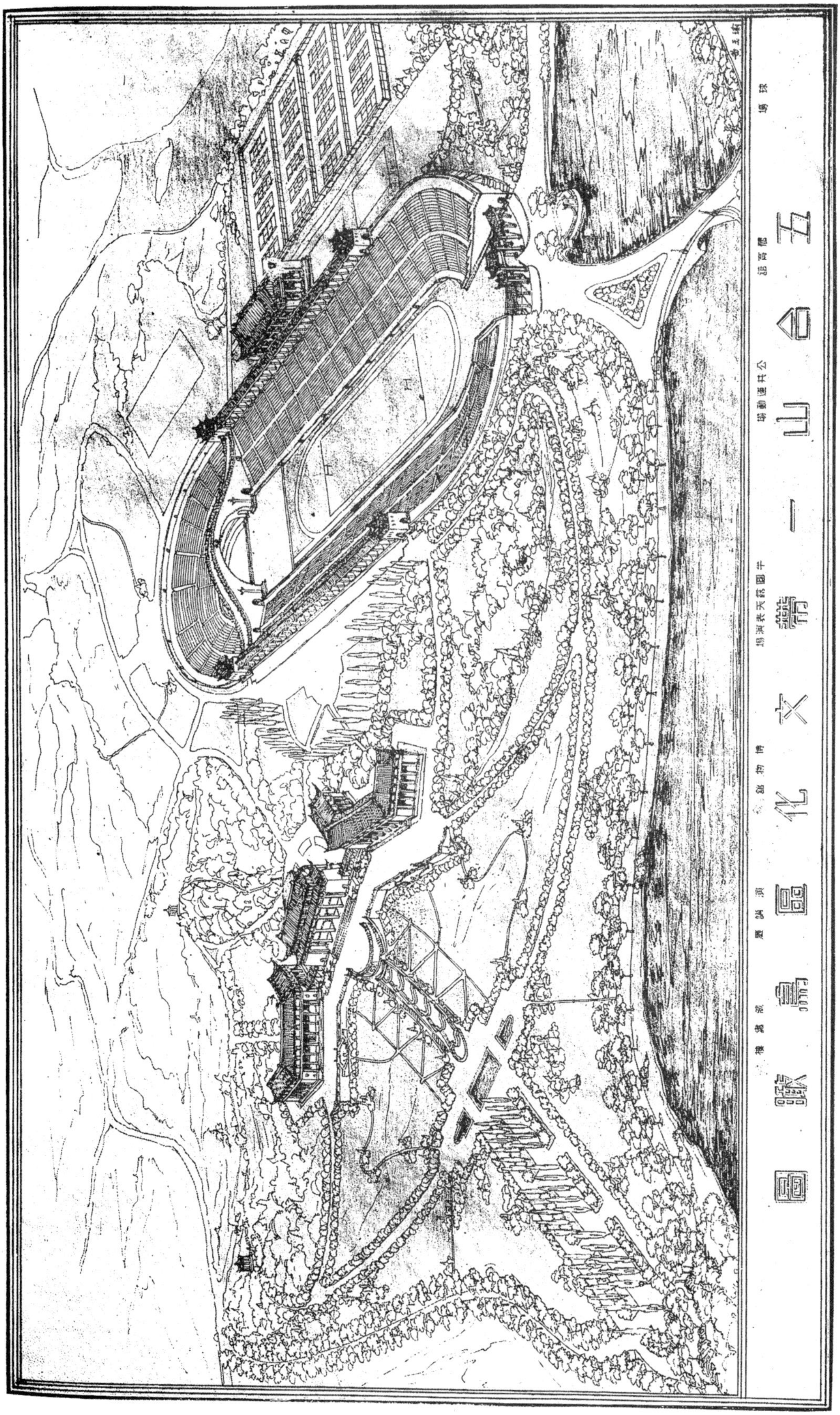

图二十

建筑形式之选择

南京新建国都，此后房屋楼宇建筑，当必次第进行，其最关重要之部分，则有中央政治区、市行政区之公署，有新商业区之商店，有新住宅区之住宅，其他公共场所，如图书馆、博物馆、演讲堂等等，将来亦须一一从新建造。关于此项房屋楼宇之建造，经过长久之研究，要以采用中国固有之形式为最宜，而公署及公共建筑物，尤当尽量采用。所以采用此项形式之故，其中最大理由，约有下列数项，兹分别论之。

其一，所以发扬光大本国固有之文化也。一国必有一国之文化，中国为世界最古国家之一，数千年来，皆以文化国家见称于世界。文化之为物，大都隐具于思想艺术之中。原无迹象可见，惟为思想艺术所寄之具体物，亦未始无从表出之。而最足以表示之者，又无如建筑物之显著，故凡具有悠久历史之国家，其中固有之建筑方术，固当保存勿替，更当发扬而光大之，此观于希腊罗马而可见也。中国既为文化古国，而其建筑之艺术，且复著称于世界，当十七世纪时，中国之建筑艺术，已由欧人之来华考察者传播而施用于欧洲。白兰特（Edgar Brandt）亦于来华研究之后，以中国之装饰方法，施之外国建筑物之上。可知中国建筑艺术之在世界，实占一重要之地位。国都为全国文化荟萃之区，不能不藉此表现，一方以观外人之耳目，一方以策国民之奋兴也。

其二，颜色之配用最为悦目也。中国之建筑物，大抵五色杂施，光艳夺目，使人居住其间，最易发生快感，与外国建筑物之纯用一色，暗淡无华者，迥然不同。故欲建筑物之美观，亦宜采用中国建筑之方法，虽亦有彩色乱施，绝不调协，反现俗陋之象者，惟此非中国艺术固有之缺点，乃用之而不得其道者耳。故若再加研究，使各种色彩，无不调和，其美观必非外国建筑之所能及，殆可决也。

其三，光线、空气最为充足也。中国房屋，大抵筑有庭院，且各柱之间离地若干尺以上，皆可全部开窗，不失其整个之结构，故欲光线、空气供给之充分，实以此种建筑为最宜。若用外国建筑方式，则适与相反，盖外国房屋之间格，大都厅房密接，所资以透光通气，惟有窗户故也。外人对于光线、空气，至为注重，惟以建筑款式所限，尚未得一完善解决之方法。关于窗户之开辟，往往发生问题，多开则于美观有缺，少开则光线、空气两不充足，适用美观，长难兼具，以此而言，中国款式之采用，又有不能更改者耳。

其四，具有伸缩之作用，利于分期建造也。中国房屋之内多留空地，倘因经济关系而暂建某一部分，或因需用关系而增建其他部分，皆可随意擘画，不失其整个之性质。外国之房屋，则殊缺乏此项之伸缩力，每每一行建造，即须全部从事，而建造之后，倘欲有所增筑，又必多感困难，殊不如中国款式之易改变。中央政治区等各种建筑物，现以经济关系，不易同时建筑，更不能不采用中国方式，一方备日后之拓展，一方免目前之缺欠系统也。

关于中国款式采用之理由，具如上述。亦有谓中国建筑缺乏宏伟之气象者，惟关于气象之宏伟与否，在乎设计者之如何，决非无法臻此。故如最重要之公共建筑，采用面临深长直道之方法，使从路口之处，可以远望而见，其一种尊严崇大之气象，决不减失；又有谓中国瓦面，类皆斜铺，上层容积，不免无用，不知此中位置，其在屋脊正对之下面，倘有相当高度，亦可装置升降机之机件，放置案卷，更为适宜。盖外国公署之卷帙，多藏于地窖之中，此项地窖，既费巨款建筑，又难免潮湿之患，实不如中国建筑之可放置上层也。更有谓中国建筑，每建二重瓦檐，因而建有二重瓦檐之一层，不可不增加高度，以经济论，殊为不宜。惟重要之房屋，如公署之类，不妨较高，抑非高亦无以成其伟大，且以南京而论，具有较大之高度，更能避免暑天之炎热也。总之国都建筑，其应采用中国款式，可无疑义。惟所当知者，所谓采用中国款式，并非尽将旧法一概移用，应采用其中最优之点，而一一加以改良，外国建筑物之优点，亦应多所参入。大抵以中国式为主，而以外国式副之，中国式多用于外部，外国式多用于内部，斯为至当。此外尚有当注意者，南京地方辽阔，空地尚多，故关于房屋之高度，应有适宜之限制。务须鼓励平面之发展，而限制高面之发展，否则城内地方，发达必不均匀，不免一部则过于繁荣，一部则过于零落。且纽约市高大建筑物不良诸点，如障蔽日光之照射，如妨碍空气之流转，如火患时危险之增加，更不难发现于南京也。

政治、商业、住宅各区之房屋，其性质不同，其建筑法亦自不一律。以大体言，政治区之建筑物，宜尽量采用中国固有之形式，凡古代宫殿之优点，务当一一施用。此项建筑，其主要之目的，以崇闳壮丽为重，故在可能范围以内，当具伟大之规模。至于商店之建筑，因需用上之必要，不妨采用外国形式，惟其外部仍须具有中国之点缀。一方并藉此项点缀，使人注意，实又足为广告之资，一举两得，为法之善，盖莫逾此。故凡外墙之周围，皆应加以中国亭阁屋檐之装饰物，而嵌线花棚架等式，亦当采用，不过屋顶宜用平面，备作天台。此种办法，盖所以使其适于商业之用，又使置身中国城市者，不致与置身外国城市无殊也。其在住宅方面，中国之建筑，最为幽静，盖其室中辟有庭院，与街外远相距离，此其最佳之点，故应保留。中国花园之布置，亦复适宜，自应采用。惟关于此项建筑之款式，无须择取宫殿之形状，只于现有优良住宅式样，再加改良可耳。

道路剖面圖

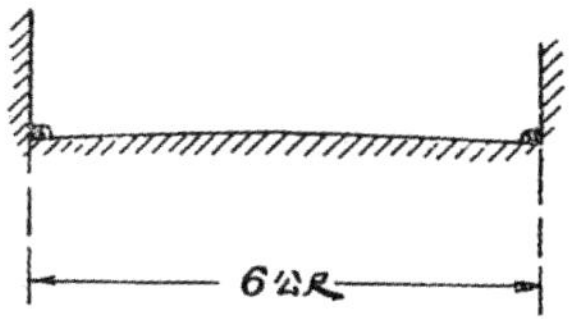

後巷剖面圖

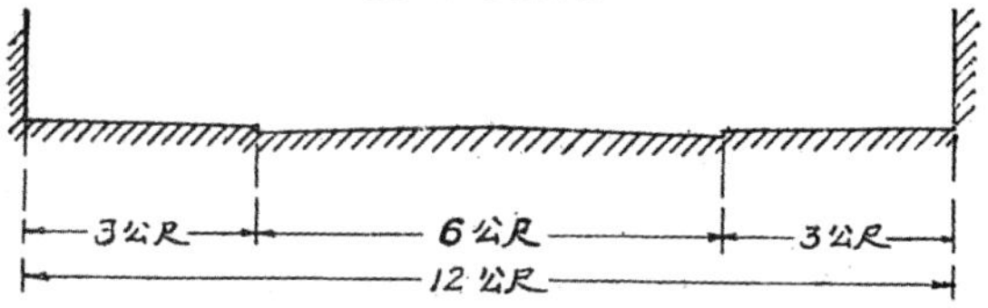

內街剖面圖

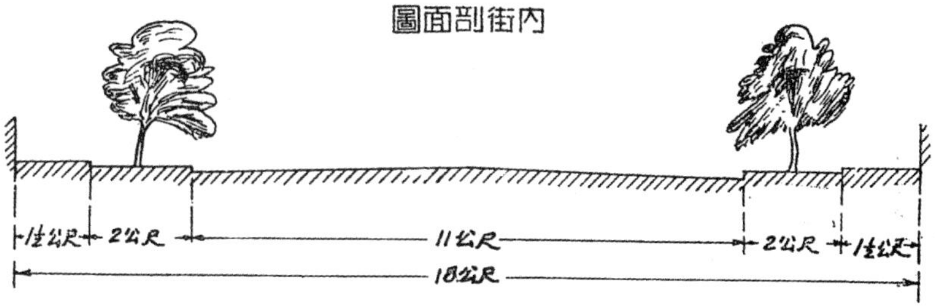

住宅區街道剖面圖

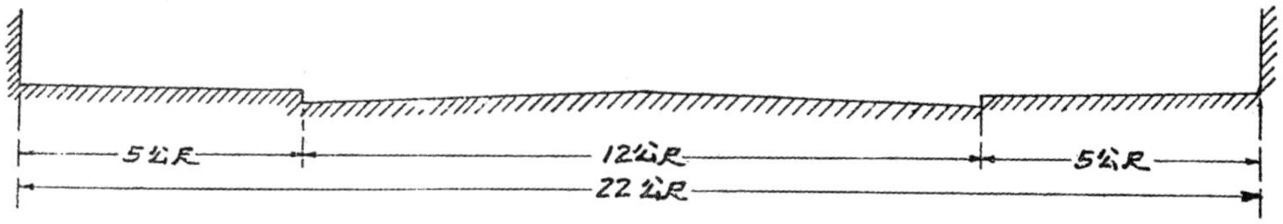

工業及商業區街道剖面圖

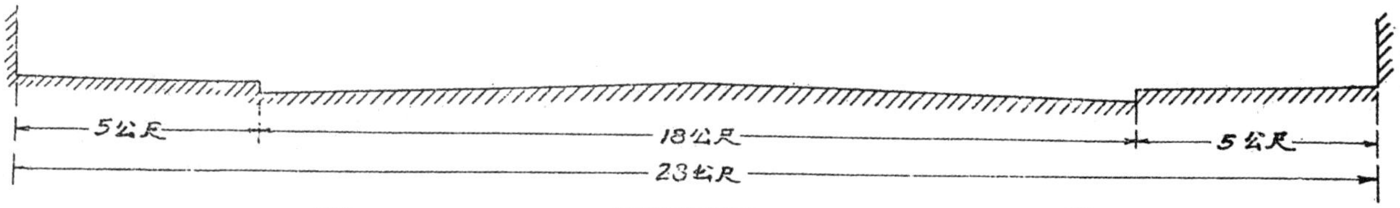

幹路剖面圖

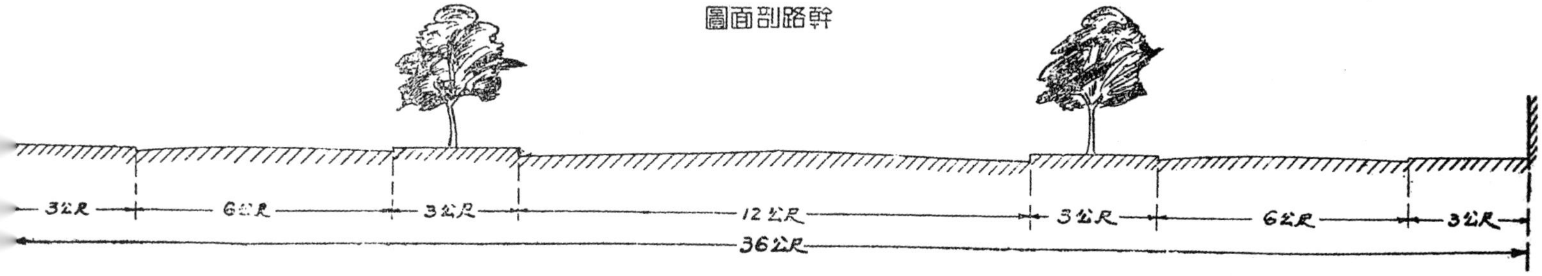

林蔭大道剖面圖

（各處之林蔭大道寬窄不同規畫各異此爲其中之一種）

比例一百分之一

第二十二圖

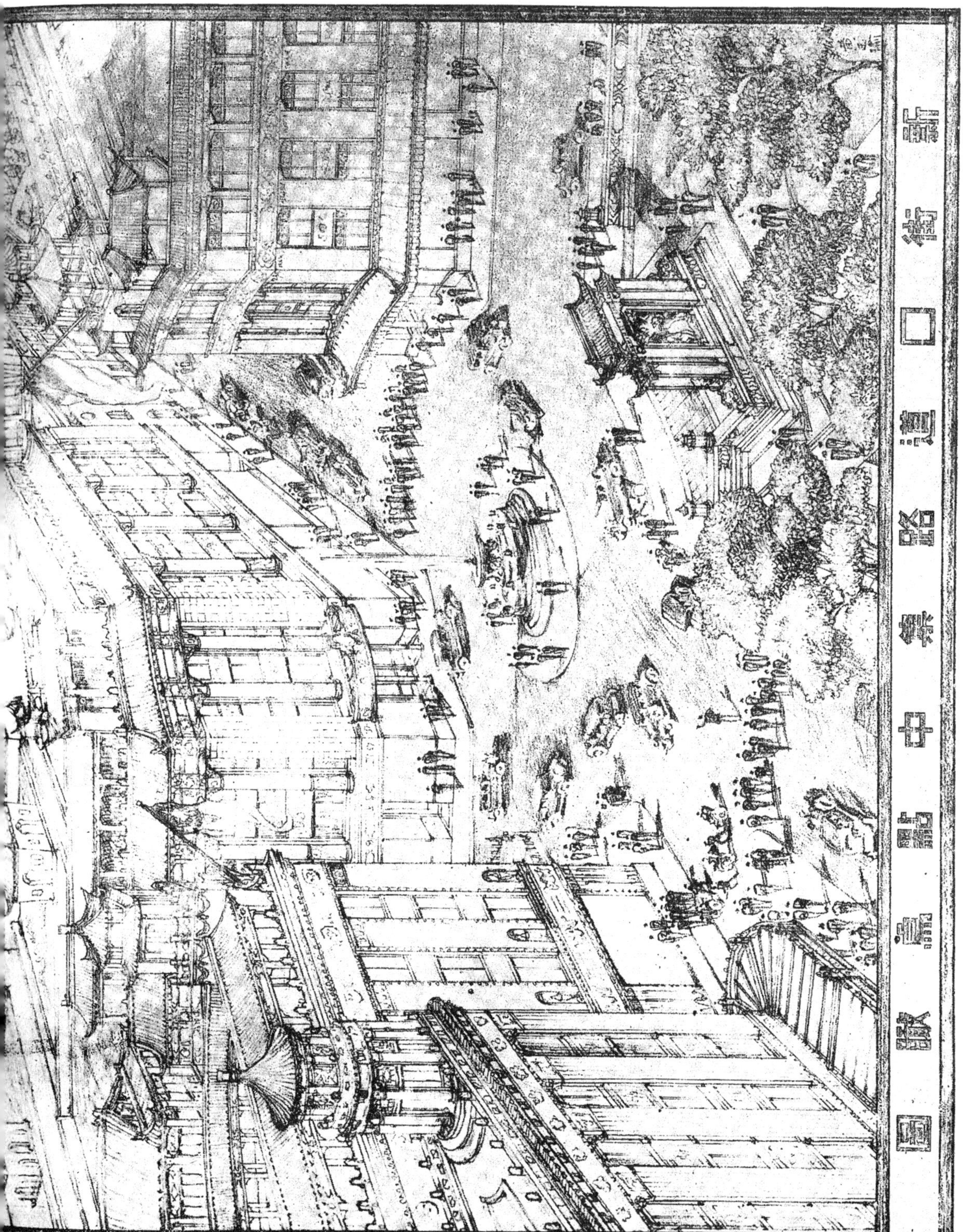

图二十三

城門正面圖

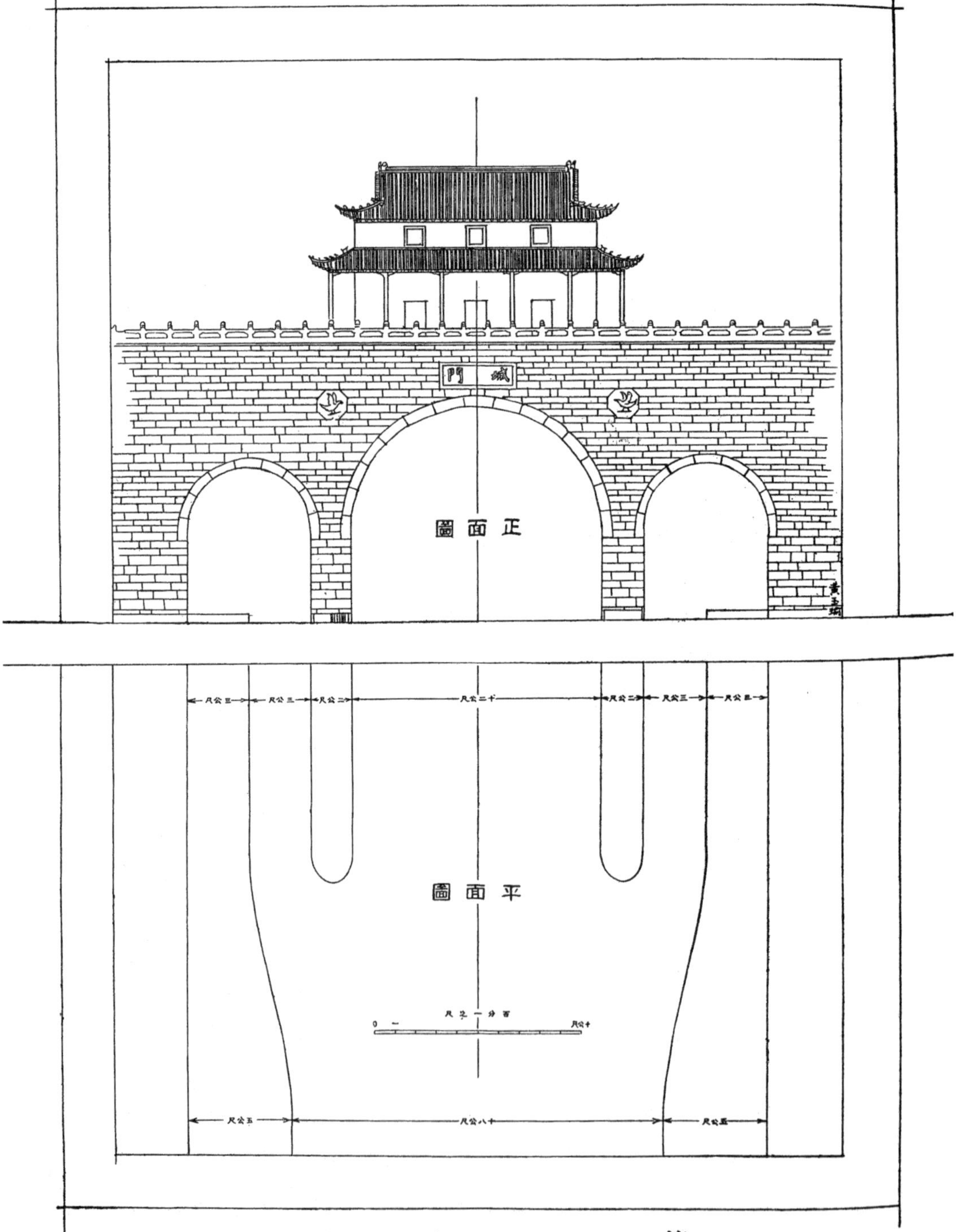

第二十四圖

图二十四

图二十五

漢西門現狀圖

漢西門城垣傍之房屋現狀圖

第二十六圖

图二十六

上城垣之斜坡圖

一部城垣上現狀圖

第二十七圖

图二十七

中山馬路新街口圖

南門大街圖

第二十八圖

图二十八

道路系统之规划

（一）规划之方针

道路在一定之期间内，实具固定之性质，其中一切之规划，固须顾及现在，并须顾及将来。道路规划之中，以系统一端为最要，故关于道路系统之规划，上举原理，尤不可忽。于是着手规划之先，即有问题三项急当解答。其一，该地现在之情形如何？其二，将来进展之趋势如何？其三，道路之有效期间，应以若干年为标准？此次南京道路系统之规划，即就此三项问题，详加研究，使于一定时期之内，交通无往不便，而开辟建筑，又无妨于现在之经济力者也。

其次，都市有新辟者及旧有者之不同。新辟之都市，全部殆属空地，道路系统可以随意规划，了无障碍。惟旧有之都市，建筑物密布地面，道路系统之规划，稍涉任意，牺牲必多，只宜因其固有，加以改良。一方既不背于适用之原则，一方复减少无谓之牺牲，斯为至善。南京原属旧城，名胜古迹散布各处，而城南一带，屋宇鳞次，道路纵横密布，其状如网，规划道路，本取后法；惟其中大部地方，尚为空地，殆无道路可言，转有多用前法者。故此次道路系统之规划，乃因乎地方之情形，兼用上列二法，即在鼓楼以下达于南部城墙一带采用后法，其余多半地方采用前法。而一方对于散布城内之名胜古迹，悉使联络，一方对于原有屋宇，又破坏最少也。

（二）现在道路状况

南京自鼓楼以下至南部城墙一带，原有繁密之街道。街道之重要者，大抵筑自明初，其宽度率为十公尺，亦有宽至十五公尺者。后以管理不严，新建房屋每每侵占街地，以致现在街道，常有一端宽至十五公尺而相距不远即仅得宽度五公尺者。估衣廊大街一路，尤为显著，因而房屋之界线，时呈参差不齐之象。而桥道宽度，更不少大于所接之街道。惟是此种情形，亦非南京所独有，世界上各城市之街道，类此者盖不少也。

上举道路，骤观之，初若紊乱无章，绝无系统，然就地图细加考察，乃知其不然，其路线大都由南而北，或由西南而东北。而横贯以东西之道路，所区分之房屋段落，面积皆甚大，城内南部一带尤然，平均每一段落，不下一万六千五百方公尺，较之鼓楼左近之房屋段落，约居二倍，所有房屋段落，面积既大，中留空地亦多。而南北方面之长度，又大于东西方面之宽度，故空气光线，极为充足，就此点言，实与区分房屋段落之原则相合，虽街道狭窄，转角又多，车辆行驶诸形不便，惟只须加以改良，即成为完善之道路。又最近完成之中山马路，由下关直达总理陵墓，联贯下关、鼓楼、新街口、明故宫，及所拟定之中央政治区等之重要地点，且与市内各路之接连，亦易于设计。观于现筑之子午路线，即可知其情形，故实为一绝好之主要干路。此外市政府公布之宽辟及延长道路方法，复与所拟道路系统互相融合，从此进行整个的设计，使于交通经济，两相顾及，自不感受困难也。除上述道路而外，其余地方或则道路绝少，或则更无已筑之道路，此种地方，实有从新规划道路系统之必要。

（三）所拟道路系统之大概

此次所拟道路，其中干道、次要道路、环城大道、林荫大道四种，均在道路系统图（图二十一）内绘明。内街一种，未有绘入，以免繁乱不清之弊，应就所定计划，因乎地方情形而开辟之。兹将干道、次要道路、环城大道、林荫大道、内街五项分述如次。

（一）干道　干道所以联贯各重要地点，使其交通便利。此等干道之建筑，在可能范围以内，当以正直为主。惟有时因房屋之障碍，建筑费之高昂，或因增加乘车者之兴趣，亦须改用较长之弧线，但仍当求一切车辆转弯之顺易。南京干路系统，即系本此而定。凡商业区、火车站、中央政治区、市行政区、教育区、住宅区、工业区，以及其他重要地点，皆有干路贯通，四通八达。如图所示，路线大抵正直，虽间有湾曲，然曲度不大。又两路相接，除对角线路以外，其余相切之角度，概以不小于四十五度为标准；且交接之路线，不出四线以上，即间有五线者，其一必为支线。在第二十三图所示新街口之各线交点，其房屋界线，均在直径六十公尺之圆周外，凡此皆所以免交通之梗塞与危险也。与干路接连之横路，每路之距离，不能过疏，亦不能过密，过疏则交通固不便利，过密亦因车辆之横直驰驶，交通时形窒碍，且危险更不免容易发生。普通而论，此等距离以四百公尺为适度，盖车辆在城市内干路行使之速率，通常以每小时二十五英里为最高限度。但每因街道上之障碍，实际速率，大都为二十英里左右。以二十英里计算，其通过此四百公尺之路线，约需四十五秒之时间，此四十五秒之时间，又路灯红绿色转变之最适当时间也。中山马路之横路，现拟定筑于鼓楼北段者，即以此为距离之标准。其他干路，亦大率视此而规划。鼓楼一带，实为出入于津，往来络绎，现虽有中山马路可通，然只此一道，将来必不敷用，故在该路斜段及小火车路之两旁，各辟平行之路线，俾往来者可以分途出入，不致挤拥，且使通达下关、东北住宅区及西部一带小冈等处，以便运输之集中。各该平行路线，又筑有次等干路，与许多街道交切，交通益形便利。对角线之干路，有时因需要上之关系，不可不设，惟设之过多，不独交通上之管理极感困难，且令多数地面成为不适用之形状。美京之华盛顿，即犯此弊，故除必要者外，绝少此种干路之规划。又干路与林荫大道融合，更可表出城中之优点，同时更可增加往来者之愉快，故林荫大道两旁，在可能范围以内，皆设有干路与之平行。建筑次第，详见实施程序中。所当注意者，即沿小火车路线之一路，实为应最先建筑各路中之一路。干路之标准宽度，应为二十八公尺，除两旁各筑五公尺之行人路外，尚余十八公尺，备行驶六行车辆之用。

（二）次要道路　次要道路为每一区域内互相贯通之道路。南京所设，有工业区道路、商业区道路、旧住宅区道路、新住宅区道路，以及其他各区道路等，其详悉在图内绘明。此种道路之作用，固在便利交通，一方又为划分房屋段落之界线。房屋之于空气光线，供给务须充足，故此项道路，其每截之长度，南北向者应较东西向者为大。其开辟方法，又以牺牲房屋最少、费用最廉为原则。此次所拟道路，亦即由此而定。如前所说，城内中南两部，屋宇密比，而房屋段落中间，又多空地，故该地之次要道路，一面固照原有道路从事宽辟，一面倘能从房屋段落中间通过，即更改用此法。盖原有道路两旁，屋宇相比而建，改从房屋段落中间空地通过，较之宽辟原路，损失较少，费用较微，实合上举原则。至于宽辟原有道路，亦须俟至该处干路中之屋宇妥建以后，方可进行，因此时原有道路之屋宇需用减少，价值自廉，从而收买，经济方面，裨益不少也。城内中、南两部以外，其余各地，尚属荒废，故所有道路，一概从新规划，另成统系。惟此种道路，亦因其所在区域之性质不同，规划方法不能不略有所异。如在商业区内之道路，务须正直，使所区分之房屋段落，悉为长方形，而便于商店之建筑。而住宅区内之道路，则转宜稍有弯曲，以增加其美观，且住宅区之地点，不必坦平。如西北部之住宅区域，且有小山起伏，使一切道路必求其直，则路线所经，或不免于跨岗位越陵，而一切优美之屋地，反为牺牲不少，即建筑费用亦不免大有增加矣。此次一切安排，大体亦悉准此，兹更将零售商业区道路、新辟住宅区道路、旧住宅区道路，分述如次：

（甲）零售商业区道路　该区道路，宽度定为二十二公尺，其中十二公尺为路面，十公尺为两旁之人行路，而各占其五公尺之宽度。此人行路之宽度，系根据建有楼四层而长四百公尺之地段，估算其所有往来之行人而定，务使绝无挤拥之弊，且有余地足供挑担者之往来。新商业区之道路，位于所拟火车总站之南者，如道路系统图所绘，均系直线，其每一房屋段落，南北之长度平均为三百二十公尺，东西之广度平均为一百公尺，该度均系从每街之中心线起计。该新商业区，地属空旷，此项计划，殊为适宜。

（乙）新住宅区道路　该区定为单家住宅建筑之用，其中道路，由两边之地产界线起计，宽十八公尺，备有此充足之宽度，货车及救火机之往来，可以了无窒碍，路旁并须铺草植树，以增景致。该项路面，可暂建六公尺宽，惟树木须留意栽植，以便日后可增至十二公尺而无障碍。如地形适宜于建筑无围墙之住宅，各路之规划，虽大体上使各地段成长方形，而亦间以半径颇长之弧线，使具美观。又城西北部之住宅区域，岗陵起伏，所有街道，更循原有山谷，划分优美而饶有变化之路线。

（丙）旧住宅区道路　旧有住宅区内，屋宇密比，倘将全数街道尽行辟宽，不惟不能，抑且不宜。惟每一大地段内，交通亦须便利，故应有干路环绕之，于必要时，并可于地段之内，增筑街道，以与干路相接，而其相接之处，以在地段中央为宜。如此规划，其利有五：（一）街道数目减至最少，可免汽车互相冲突之危险，且可保持干道车辆往来安全之速度；（二）交通上既易于管理，且可节省灯号之设置；（三）减少房屋之拆卸及地产之损失；（四）可限制直通运输经过不宜于车辆众多之小路，而免游戏路上之儿童发生危险；（五）街道既整顿，门牌号数亦易编排，邮件投递、寻觅地方皆称利便。现查原有旧路，许多亦须拓至十二公尺，以备将来新屋建置新拓街道之旁，其余旧路之不宽辟者，应改作内巷，或通行人力车之道路，惟仍须逐渐改良，使其整齐划一，即规定以后两旁新建房屋须由该街中线起算距离三公尺是也。

（三）环城大道　南京西、南两部，环有可通航行之护城河；而东及东北两部，则具有湖山之胜；西及西北二部，又为扬子江之所经，故全部悉为山水所环绕，实具天然之胜概。凡优良之都市，多筑环城大道，贯通重要地点，一方使市民往来不致必经城市中心，避免挤拥；一方亦使当地风景，往来者随时得有赏玩之机会。南京四周，既具无限风景，故环城大道，自有设置之必要。此种大道，外国多系架空建筑，惟是需款甚巨，南京尚难逮此。但其界内中部，筑有城垣，近代战具日精，城垣已失防御之作用，得用之以为环城大道，实最适宜。该城垣由海陵门南行，经南门东至通济门一部，城面宽度，几尽可筑为行使两行汽车之道路，故此部应先兴筑，不过其中尚有小部，略须加工修理而已。东部一带，城垣城面狭窄，行驶两行汽车尚不敷用，可暂筑为只向一面进行之道路，即一边可以行驶汽车，一边可以停放汽车一辆者也。其余城面之更狭者，暂亦可用为人行道路，惟所有狭窄城面，将来均须加筑泥土，增其阔度，俾城垣全部皆可行驶两行汽车。而泥土之加筑，又应就城垣内边从事也，地形利便之处，远远筑有斜坡，如第二十五图之所示，以便人车之上落。又所有干道穿过城垣之处，皆筑适宜拱门，以便出入。此种拱门，以照我国旧日城门之三门式者为宜。此三门式之拱门，居中者较宽，两旁者较狭，如第二十四图所示。拱门宽度，又一概与所接之干路宽度相同，以免交通挤拥，即中央拱门之宽度，一如干路之路面，足供四行车辆之往来，其余两旁小门，照干路两旁人行路之宽度计算，其宽度本为五公尺，现则减至三公尺，而各以所余之二公尺建筑拱门中之二柱基是也。所以必减少两旁拱门之宽度者，盖该门所以备人力车、马车及人行之用。此处行人，较之房屋所近之路者为少，其宽度虽减至三公尺，亦已足用故也。两旁小拱门之路线，不但供人力车等之往来，且为停放车辆之用，惟停放之处，不得迫近城门，两面须距三十公尺耳。建筑拱门之材料，应以三合土为之，一面并利用拆出城砖，筑其外面，使其样式与旧有之城垣相同。城门之顶如有空地，并须筑为城楼，其款式或如南门及汉西门之城楼，或为三拱门式之牌楼，均无不可。此环城大道之大概也。

城垣外面一带，亦拟定沿之而筑为环城马路，此路所以备货车之行驶，其中城垣与护城河相距不及一百公尺之处，即以之为堤岸，而于城脚之处建筑货栈，以利船艇之起卸货物。至于城垣内边之附近，则筑为林荫大道与之相辅，下节详之。

（四）林荫大道　所拟林荫大道，有二道路线较长，其一沿秦淮河而建筑，其一沿城墙内边而建筑。城内秦淮河既不足为输运之用，其两岸亦自不适于建筑货栈，故筑为林荫大道以增加河岸之风景，使成一最好游玩之地，实为计之得者（参看第三十图）。惟该河之水，务须使其清洁，又当保持其一定之水平高度而已，关于此点，另章详之。现在该河两岸之屋宇，类皆简陋，且多系背水而筑，故此部分林荫大道之建筑，必须拆卸旧有房屋，并预留地位，以备将来新屋及道路之列置两岸，遥遥相对，但离河较远之房屋，概不拆卸，此项规划，另章详之。至于沿城垣内边而建筑之林荫大道，适环绕城内一周，如地形适宜，应傍城垣而建，否则此路与城垣间之地段，可划为公园。此种道路，可作为环城大道之支路，以便营业车辆及私家车辆之行驶，因环城大道专为游人浏览风景而设，而其宽度实不足以为所有环城交通之用故也。林荫大道之宽度，须酌量当地情形而定，初无一定标准，其沿秦淮河岸之路线，宽度约自十四公尺至十七公尺，一旁筑五公尺之行人路，沿河之一边，则辟为小径，以资游览。又环城之林荫大道，宽度约为最少二十二公尺。

（五）内街　原有道路之不放宽者，将来概改为内街，以为人力车及步行之道路，但仍视其宽度如何而定。内街宽度，定为六公尺，有此宽度，则一方虽停有车辆，而他方仍不碍车辆之通过。但此种内街之车辆，应限定只向一方进行，不能交相驰驶。又有一种内街，汽车不得行驶。此等街道，应在两方街口，各竖石柱二条，相距一公尺半，以阻止汽车之内进。新区域中如有房屋段落过于长大，当增辟内街以便往来。此项内街之增辟，不限于与干路垂直之一种，亦须辟于干路平行者，如是则货物可在后门装卸，既可节省运费，且可免干路中有车辆停滞之患。道路系统图所定之路线，在经政府批准时，内街之建筑倘未完成四分一之工程，不论何种房屋，概不准向内街辟建大门。又凡客车货车，皆宜在内街或私有产业界内装卸，至于内街之布置，道路系统图未曾绘入，盖避免紊乱不晰之弊耳。

此外尚有后巷一种，应相察房屋之情形，而规定其开辟之方法。

通观以上所述，并参考图中所绘，关于南京之道路，自可了然。兹撮其大要言之，则自鼓楼以下城内中南两部，道路皆照原有路线，加以改良，成一统系。

城东及东北二部，地多空旷，街道统系，悉系从新规划，其中商业、住宅二区，大抵划为棋盘格式，而中央政治区之道路，则因建筑物之布置与商业住宅两区不同，其统系又系另行设定。西北部小山起伏，利为住宅区域，其中街道，多沿山谷而成。西部工业区域，亦因性质关系，另定统系。此外鼓楼一带，因来往之冲繁，而两旁之地势较高，可通出入之处甚狭，其状与瓶颈无异，故顺其地形，多建与中山马路斜线部分平行之道路，以减其挤拥之势，凡此皆从系统上言之者也。至其优点所在，亦有可述。其一，整齐中而带有变化之象；其二，举内地之名胜风景及历史上之建筑物，一一连贯，易于游览，且亦容易望见；其三，交通、运输及美观三者，皆能达到最佳之点；其四，各路相接，采用最完善方法，来往极为安全；其五，所分房屋段落，南北长而东西狭，适合建筑；其六，对于原有路线，大率保存，破坏最少；其七，所有一切林荫大道、干道等之交接点，其距离之度数，均经详细研究，对于交通管理上灯号之装置，最经济而最为有效。有此七项优点，故该道路系统在近代城市中，可谓最新最良者也。

（四）余论

路线既定，所有渠道，皆应循之而装设。渠管皆设置于地下合宜之地位，其设于主要干路之内者，并为各渠之总汇。其次，在未繁盛之区域，如城北一带等地，其道路之系统，大概从新规定，不照原有街道及地段界线。惟既如此规划，则因计划之实施，该处各地主之产业，自不免为新马路所分拆，所余零片地段之效用，或则因而减少，或更完全丧失，损失殊大，不可不为之设法补救。补救之法有二：其一在新定土地法内，另订从新编划地段专条，即由市政府暂时收管所拟新路经过之各地段，俟政府将新路线规定后，再将所余地方，从新划分地界，比例计算面积，归还业主（见《授权法》）。此举不过为各业主暂行保管各地，故当收管之时，不必付价。此外，尚有政府收买多余土地之方法，亦为达到目的之一道（见《授权法》）。此法与前法之分别，在政府将新辟道路两旁地段若干尺以内，用价收买，将来路线筑成而后，所收买之地段，除筑路所用而外，必有余地，此种余地，因交通之便利，以之出售，往往可获大利。采用何法，是有待于市政府之选择也。其次，关于植树方面，亦有当述。所有新筑道路，两旁皆须植树，沿秦淮河之林荫大道，则沿河岸而种植，植树之时，须注意将来之路面宽度，即令目前之宽度尚狭，亦须植于异日最大宽度之路面外。保护树木，可兼用二法，一以铁网围绕之，一植树于铁格之中心，以防土质过紧，致减水量。其次，所定路线，初用土地局《南京城市实测图》为初步之设计，继用飞机所摄地图，细加核对，其有舛误之处，一一为之更正。飞机所摄地图，比例尺较大，当以此图所定路线为标准。至于各马路坡度、曲度之大小，当俟实地测量，始可订定。所有此次所定路线，一经公布以后，一切房屋，均不得建筑于图中所绘路基之上。又此次道路计划，具有整个性质，一切枝节的整理，从经济与交通方面着想，又所不必进行者也。

路面 附说明书

首都之道路系统既定，应进而规划路面。路面之种类颇多，选择之方法，应以下列各项为标准：(一)建筑费低廉；(二)路命长久；(三)适合卫生；(四)破坏时易于修理；(五)秽物易于扫除；(六)路面平滑；(七)音响无碍居民；(八)尘土不致飞扬。而八顶之中，尤以第一、二项为重要。根据上列选择之标准，按切经济与输运之情形，南京之路面，现时应用碎石建筑，而以沥青敷盖其上，即所谓沥青麦坎达路是也。此种路面，建筑之费颇廉，其厚度宜因各地所载之重量不同，酌量分别敷砌，务以经久耐用、修养便易为目的。若分三层筑至二十公分(即八英寸)之厚，而所用之沥青，复选择得宜，则每日平均能受行驶二千辆汽车之重量。车辆经过愈多，其厚度自可比例而递增也。

沥青麦坎达路，以碎石为主体，石质之良否，关系路命之久暂，至应注意。盖石质不坚，其在已敷沥青之路面，易为车辆所磨光，致内呈裂痕而生摇动；其在未敷沥青之路，将为车轮所辗碎，变为尘土。故普通而论，石质以愈坚为愈佳，惟须含有适量之石灰质，以使其易于凝结耳。筑路之石，有用机力轧碎者，有用人力击碎者。人力击碎之石，其形类多圆整，边缘平钝，不能因受辗压而固结，因是车辆行驶其上，势必转动不已，至易损坏。机力轧碎之石。有尖锐之棱角，当逐层辗压时，参以用为胶结物之青石屑，即能固结一体，不致因受车辆之行驶而转动。故以用机力者为宜，虽所费较昂，顾可省多量之养路费，实远较用人力者为经济。至关于沥青种类之选择，固因其用途而各异，惟其种类之区别，不能以商标为准，盖恐其品质不齐，用途未能悉合，一经敷盖，补救为难也。为预防此种弊端起见，美国材料力量试验学会根据历年之经验，曾将某项用途、应用何种之沥青或柏油详细说明，并编印成书，使各制造厂得本该说明书而制造此项材料，以供需求。需用沥青或柏油时，实宜因其用途，根据该学会之说明书而购买，庶可免误用之弊。沥青之敷用，可分冷敷、热敷两种。路面新成时，即应冷敷一次，历半年之后，宜审察其需要之程度如何，而酌量加以热敷。大抵干路上车辆来往频繁，热敷为不可少。其次要之道路，冷敷已足。惟应按其需要，随时加以更新。住宅区之道路，车辆往来稀少，无敷用沥青之必要，但为避免灰尘计，敷之亦良佳耳。倘路面之损坏至经济上不宜再事修养时，应以原有路面为路基，加筑薄被沥青或沥青碎石一层于其上，若渠边石之高度为八英寸，新增二英寸厚之薄被沥青或沥青碎石于旧路面，结果必臻美满，足胜运输上极大之重量。若以士敏三合土为新加路面之用，未尝不可，但最少须有六英寸之厚度。新增之路面过高，原有渠边石及行人道之高度因而减少，殊有碍雨水之宣泄，不如用沥青之为佳也。

首都因交通上之需要，干道之宽度，已拟定两傍行人道各五公尺，中间之车辆道为十八公尺，以汽车一行占三公尺计算，当可容汽车六行，可以二行备车辆之停留，四行供车辆之行驶。就目前而论，尚无需用六行车辆路之必要，为经济计，不必将全路路面建筑；但为确定两旁屋宇之界线及著手建筑行人道起见，所规定之二十八公尺宽度，应即行展辟。分期造成之路面，另于第五十八图中志明。行人道及贴连渠边石之路面，应于初期造成。中间六公尺之车辆道，只须铲平如路面之拱形，暂不敷设路面，辟为草地，只供车辆之停止。至需用全路时，始将该六公尺之地，挖至路底，依照已成路面之建筑法以完成之。惟沥青之敷设，宜于旧路面从新敷设时行之，使能新旧一致。

在未敷砌路面之前，有当注意者，即须先将所有藏在路底之自来水管、沟渠、电线等物，敷设完竣，并先期通知沿路业主，俾欲装置水管或开辟沟渠者，得按时竣工。且规定路面既成，一年后不准开掘，是则凡欲于年内进行上述工程者，当可预先筹划。

附篇所载之建筑路面标准说明书，除路面之宽度与厚度，系因交通之情形而不能定为一律者外，各项皆有说明，倘能切实施行，必获良好之结果，否则路面旋修旋坏，徒费款项。其尤足注意之点，则凡用泥土为胶结物及填塞罅隙之用所筑成之路，必不能坚固耐久。倘建筑疏忽，路面松浮凹凸，或成浪纹，或内部呈崩裂之状，势所不免，不可不慎也。

建筑沥青麦坎达路面说明书

路面可分底层、顶层建筑，底层之下为路基，顶层之上，有用油类敷面者，因其建筑程序，依次说明之。路面以碎石为主体，宜采用机力轧碎者，因其大小，类别如下[①]。

一等　穿过四分一英寸直径之筛孔者。

二等　穿过四分三英寸直径之筛孔，而停留在四分一英寸直径之筛孔者。

三等　穿过二又四分一英寸直径之筛孔，而停留在四分三英寸直径之筛孔者。

四等　穿过三又二分一英寸直径之筛孔，而停留在二又四分一英寸直径之筛孔者。

（甲）路基

一、泥土路基用适宜之方法，造成拱形，使与筑成之路面相似，然后施以辗压，此拱形之斜度，为每一英尺之宽度，其相差之高度，为四分一英寸。未铺砌路面之前，两边路肩及所应有之泄水设备，须建筑完竣。

二、石块路基如泥土未臻巩固，应用石块为路基，石块须坚实耐用，不能直卸于路底及就地铲平，须用人工铺砌，以石块长度横过路线，以高度竖立，宽度平放路底，务须衔接缜密。石块之高度，不得超过路基之厚度，最高亦不得过九英寸，其宽度不得超过高度，其长度不得超过高度之一倍半，最长亦不得过十二英寸。铺砌完竣，则用十吨以上之辗地机，尽量辗压，然后将碎石、碎砖、鹅卵石或铁滓填补空隙，继行辗压，至罅孔全行填满及石块坚实不动为止。如有辗地机难施工之处，可用重桩以代之。

（乙）路面之底层

一、路基筑成后，铺以四等碎石、碎砖、鹅卵石，或铁滓、或三等与四等之混和物，匀平铺放，施以辗压至规定厚度为止。

二、如辗压后之厚度，超过四英寸，应分二层或数层铺放，逐层辗压之。每层在未辗压前之厚度，不得超过五英寸。

三、所有路面石料之厚度，概用立方木度之。

---

①原书为“如左”。

四、所有石料，不得直卸于路基或任何层之路面，须先倾积于石子贮存台，由该台取铺于路面。惟已堆积在道路两旁者，可取用之。

五、石料不可大小各聚一方，应于铺放时用铁耙拨下，使粗细参差，均匀得宜。

六、每层碎石铺放妥当后，用十吨以上之三轮辗地机，从两旁起向中施行辗压，以至在辗机前之碎石不能转动为止。

七、每层完全辗实后，即将一等碎石、鹅卵石、铁滓或锐洁之沙，铺于其上，而以竹帚或铁帚扫之，以填塞空隙，乘干辗压之。工竣后，将留在面上过多之填隙物尽行扫除。又所有车辆，除运送上层材料者外，不准在路面通行，

八、所有一等石料，须于该层未兴筑之前，运堆道路两旁，以便取用。

九、每层一次同时铺放辗压之长度，不得超过五百英尺。

十、如底层系分数层建筑者，每层须遵照上项规定，依次造成。

十一、如路基太软或湿，或经车辆行驶，故当辗压底层时，发生浮动，承建人须即将此浮动之处改筑，换以坚洁石料，依法铺放，辗压至监工工程师满意为止。

（丙）路面之顶层

一、顶层石料，须用三等石灰石、级形石、花岗石或其他坚实耐用之石，其磨耗系数（French Coefficient of Wear）不得少于七，其强韧性（Toughness）不得少于六。

二、底层筑成后，铺以四英寸厚前条所规定之三等碎石，即以十吨重以上之三轮辗地机辗压之。此层所用之碎石，概须卸于石子贮存台，然后用铁耙拨下，务须铺配均匀，无大小各聚一方之弊。辗压须从路边起，将辗地机一轮之半，据路肩上，逐渐向路中进行，辗压至碎石之在机前者不动为止。铺放碎石及辗压时，须勿使路面参差不平，若有不符规定拱形之处，须在辗压完竣，及填隙前改正之。

三、顶层之碎石辗实至经监工工程师认可后，将预堆在路旁之一等石灰碎石，铺于其上，以为填隙及胶结之用，用铲乘干铺放，即以竹帚或铁帚扫入空隙，充分辗压之。于铺放时，所当注意者，每次加增碎石，只宜用少量，不可太多，逐次遍扫入罅，辗压至所有空隙完全增满。乘干不能再容时，然后洒水于路面，再行辗压，继续加铺一等碎石，扫填空隙，施行辗压，至空隙完全填满为止。当辗机行动时，有成浪纹之浆水一条，在其前面发见者，是无余隙之明证也。顶层须全无余隙，始可着手洒水，如辗压时，路面发生如浪纹之浮动，是因路基受湿所

致，即顶层孔隙未能填塞妥当之明证。至此须移去辗机，俾其自干，在两旁路肩，掘一“V”形小沟，以促其效。路基坚实后，再行补填之，建筑工竣，可任其自干，后此二日，便可通行车辆。

四、路面经车辆通行后，每隔一日，须薄铺以一等石灰碎石，及洒之以水，然后辗压，俾成坚久之路面。此目的既达，则用铁帚将剩余碎石，尽行扫除，全路现一平坦之嵌石路面矣。

（丁）油类敷面之冷敷法

一、碎石路面，依上项规定，建筑完成后，即可敷油。所用油类，非遵照土沥青冷敷说明书，如美国材料力量学会所规定者，即须遵照柏油冷敷说明书所规定者也。

二、先以铁帚将路面完全扫清，然后敷油，以用机力射出者为宜，每方码（即九方英尺）路面，用油半加伦，须将全路面一致均匀敷涂之。

三、路面敷油后，立刻以二等锐洁碎石之石屑铺之。此二等碎石，须无灰尘及一等碎石搀杂其中；所用石屑，以铺过油面为度。铺石屑后，立刻以十吨重之辗地机辗压之，如是工程告成，便可通车矣。

（戊）油类敷面之热敷法

热敷法之手续，与上述之冷敷法相同，惟所用之油类，其质较重，及须煮热方能施之于路面耳。如用土沥青，其热度须在华氏表三百至三百五十度之间；如用柏油，则不得超过二百五十度，但须在二百以上也。如路面潮湿，或在华氏表五十度以下之天气，不论冷敷热敷，概不得举行，盖路面愈热，热敷之结果愈好也。

市郊公路计划

南京城内道路之计划，已另有详细之报告，是篇所述者，乃郊外之公路也。

在未规划之前，当知现在公路之状况。目前南京城外，可通汽车之道路甚少，其中较为重要者约有九线。据调查所得，各该公路之情形，略如下述：

（一）由水西门至新河镇之公路此路从南京城外西行，长约八里。其中自城垣至江东门一截，长约六里，皆以石砌面，路宽平均约三公尺，两旁路肩各约占一公尺；其余由江东门至新河镇之一截，皆以泥筑成，平均宽度约六公尺。除江东门一段外，其余路线皆甚直，且路面亦无高低不平之处，可供汽车行驶。

（二）由中华门至板桥镇之公路此路由南京城外西南行，自中华门直达芜湖，长约九十里，路面以石砌成，平均宽度约二公尺，路线甚直。惟路面过狭，行驶汽车，不免危险，马车及人力车，始可通行。

（三）中华门至河家村之公路此路从南京城外南行，路面平均宽度约二公尺，全路以石砌成，路线甚直，除小部分略有弯曲，又有五百公尺之长度，高度为百分之十外，其余亦可资汽车之行驶。

（四）中华门至殷家镇之公路此路由南京城外南行，经殷家镇后，再达秣陵关，全路约长五十里。路面以泥筑成，宽约二公尺。路之四围皆平原，无高低不平之处，路线亦直。惟因年久失修，行驶汽车甚为不便，雨时尤甚。

（五）通济门至上方镇之公路此路从南京城外东南行，计至句容共长九十里，以石砌成，宽约二公尺，路线甚直。惟因年久失修，已呈破烂之象，高桥门一带，尤岖崎难行，故不适于汽车之行驶，即马车亦不易经行全路。

（六）由光华门至牌楼之公路此路由城门外东行，长约八里，路面以石砌成。再由牌楼至大定林，则有长约十里之泥径，路线颇直，惟间有锐角之小弯曲，汽车马车，皆不宜于行驶。

（七）中山门至汤山之公路此路由城门外东行，共长五十里，以石砌成，路线甚直。自中山门起约计十里之路线，宽约七公尺，此外则渐狭，至汤山时，路面宽度不过二公尺半，但两旁均有广阔路肩，颇便于汽车行驶，且四围虽多山地，而路线所过，绝少岖崎之斜坡。城外旧有诸路，实以此为最完善。

（八）太平门至尧化门之公路此路由城外东北行，过尧化门直达镇江，长约一百五十里，用石砌成，路中无高度之斜坡，惜路面稍狭，不便汽车行驶，惟马车尚可经行全线耳。

（九）下关至燕子矶之公路此线由城外东北行，共长十五里，路之一段，为泥所成，余则已用石子铺砌，汽车可以行驶，惟下关边界之地，有大拱桥一度，故马车行走，转觉不宜。

以上各路，均为出城原有之旧公路。出城之公路，本不只此数，惟其余路线均不甚长，较长者只和平门至观音门一线而已。此外由中山马路延长而环绕紫金山南麓之环陵马路，则为完全新筑之公路，路面宽平适度，甚便车辆之行驶。又京杭、京镇二路，现亦在建筑之中，该二路之一截，仍沿旧路而行。京杭一路，即沿中山门至汤山之路线；京镇一路，即沿太平门至尧化门之路线。故将来二路建筑完成，两旧路线亦必随而一变现在之景象。各该新筑之路，多在城东一带，实足以促进郊外住宅沿各路向东发展之自然趋势，且与所拟之中央政治区域复有联贯，更具促进该区发达之效力，规划均甚完善也。以上所述，均为长江东南两岸方面之路线，至于浦口方面，路线绝少，稍具关系者，惟有沿铁路北行直达浦镇之一短促汽车路耳。

通观上举各路，除新近筑成者外，类皆不便行车，即可行车，亦多系勉强使用，故非加以改造，不能成为完全之公路。惟改造之程序如何，又旧路而外，应否增辟路线，此则一视各地方之情形以为定。盖此次拟定公路，均就各地之现状及将来之布置，按切情势而规划者也。南京城外地方，其曾加以建设者，惟下关一带及紫金山陵园、五洲公园数处，此外或为村落，或属空地，而空地且占大半，故此次规划公路，除上举各处及村落而外，大率以所拟定之重要地点为根据，各该重要地点之规划，已散见于各报告之中。约举其要，则在东方一面，有紫金山南麓之中央政治区及上等住宅区，有政治区东南之营房及军用飞机场，有其余所定之郊外住宅区等等；在西方一部，有江东门南部沙洲一带之飞机总站，有飞机总站北部之工业区及工人住宅区，有由下关和记洋行延长至三汊河口之码头等等；在北方浦口一部，有水陆交通中点之江岸，有江岸附近之笨重工业区，有其他地方之住宅区等等；此外莫愁湖、雨花台、大头山之各公园，幕府、紫金两山间之住宅区，亦各属重要地点之一。又八卦洲一带，地势低下，时有水患，无异西部城外无堤之平地，惟笨重工业，倘有需及，加以改良，非不适用，亦应归入重要地点之列。此规划新及之重要地点，合之其他原有之重要地点，皆应有一完善之公路为之贯通，使收联络之效，而得交通之利，此次规划之原则，不外此点而已。

所定公路之路线，皆在公路图（二十九图）中绘明，其中主要干路，纵横贯串，一方利于境内之交通，一方利于境外之联络。路线之形式，大都由中心向外放射，而以横路环绕而联络之，状如蛛网。至于路线之疏密，则因各处地形及各处将来需要之预测而各异，惟两路之距离，通以一千公尺至三千公尺为限度。所有境内农村，各有一直达城内之捷径，以便往来。又上举原有各路，一概因利乘便仍其旧线，惟其中有弯曲过度、宽度不足、路面不适诸情形者，则改直之、展辟之、改筑之而已。至于此种改造之进行，以其需要之情形不同，应分先后。除中山门至汤山、太平门至尧化门之二线，已为京杭、京镇两路所包外，其余水西门至新河镇之一路，实为联络江东门新河镇并其间附近农田之干路；中华门至板桥镇一路，则为长江以南各地交通之孔道，尤为通达芜湖所必经；中华门至河家村一路，实具有发展就近各地农业之作用；通济门至上方镇一路，亦为来往之孔道，皆应早日改建，俾利交通。又燕子矶为一名胜之地，且由下关通达其地之公路，左傍长江，右峙冈陵，其中别饶胜概，游人之经行此路者必多，故亦宜及早改造。至于中华门至殷家镇之一路，其中交通已为其西部中华门至河家村、东部通济门至上方镇各路之所及；又光华门至牌楼一路之交通，亦中山门至汤山一路之所可代，二路原非重要部分，故改造之进行，不妨从缓。除此九线而外，其他原有小路，其位置倘适合于此次规划之方针，亦复一仍旧线，加以改良，以免另辟途径之窒碍，凡此皆所定公路之大概情形也。此项公路既筑，所有农村产物，如米肉蔬果之属，皆可用汽车输运进城，价廉而迅速，既可增加食品之来源，又可减低生活之费用，而在他一方面，并可助长郊外地方之发达，其利益盖不少也。

所定公路之路线既明，继此可言建筑之大要。初次之建筑，多数路面之材料，以采用沙泥之混合物为宜，路肩务须广阔，水沟务须充裕，盖此种路面，因土质关系，泄水甚缓故也。至于预计将来运输必盛之路线，则应以柏油碎石为之。铺

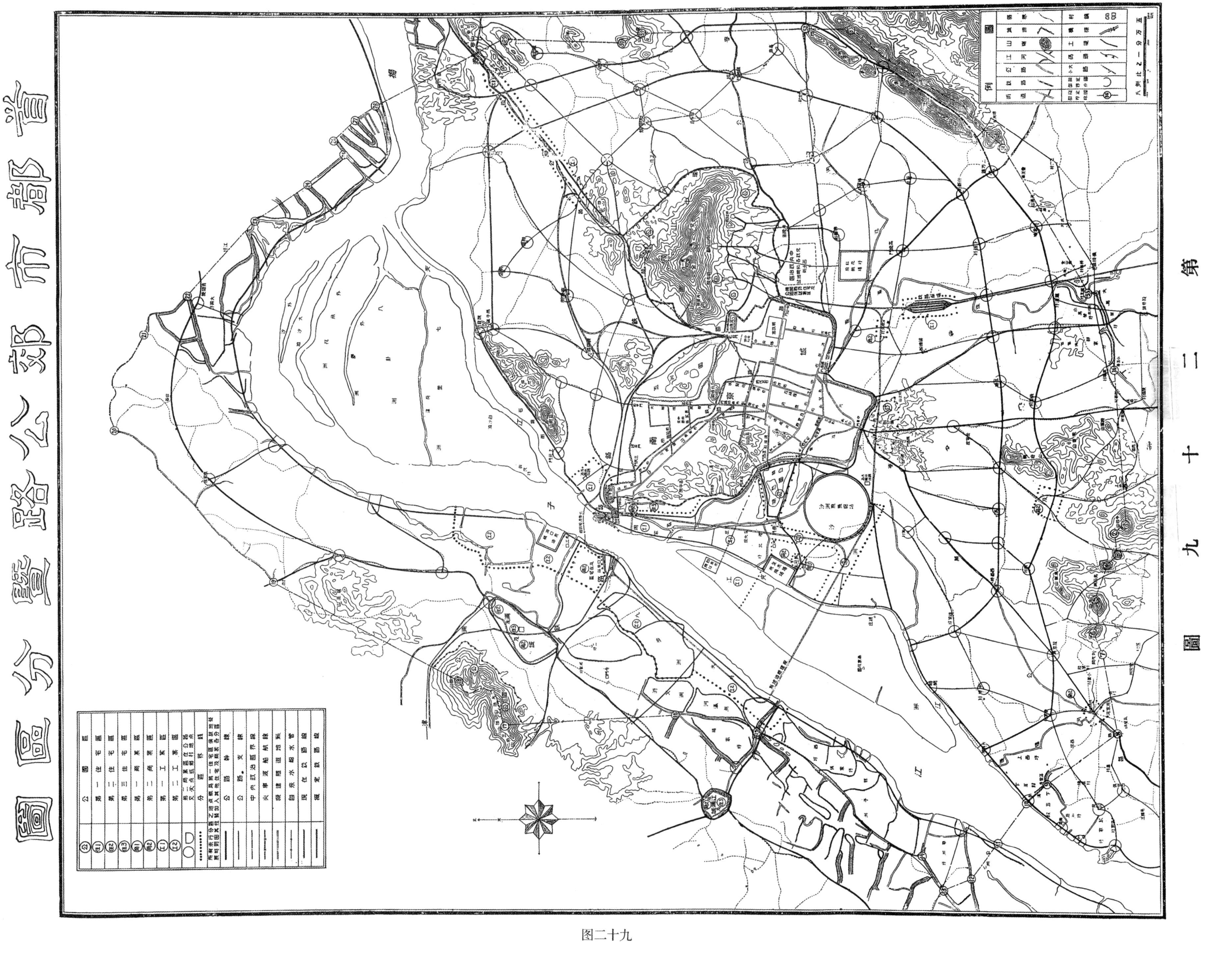

图二十九

面之道路，除路肩外，应有六公尺之宽度；所有路线斜度，倘不至填挖太甚，不得超过百分之六；路面曲线之半径，不得少于一百五十公尺。又路面曲线之外边，须有相当之超高度，以免危险，且增加其排水之作用，此点最关重要，尤以泥路为然，盖泥路比较湿而滑也。

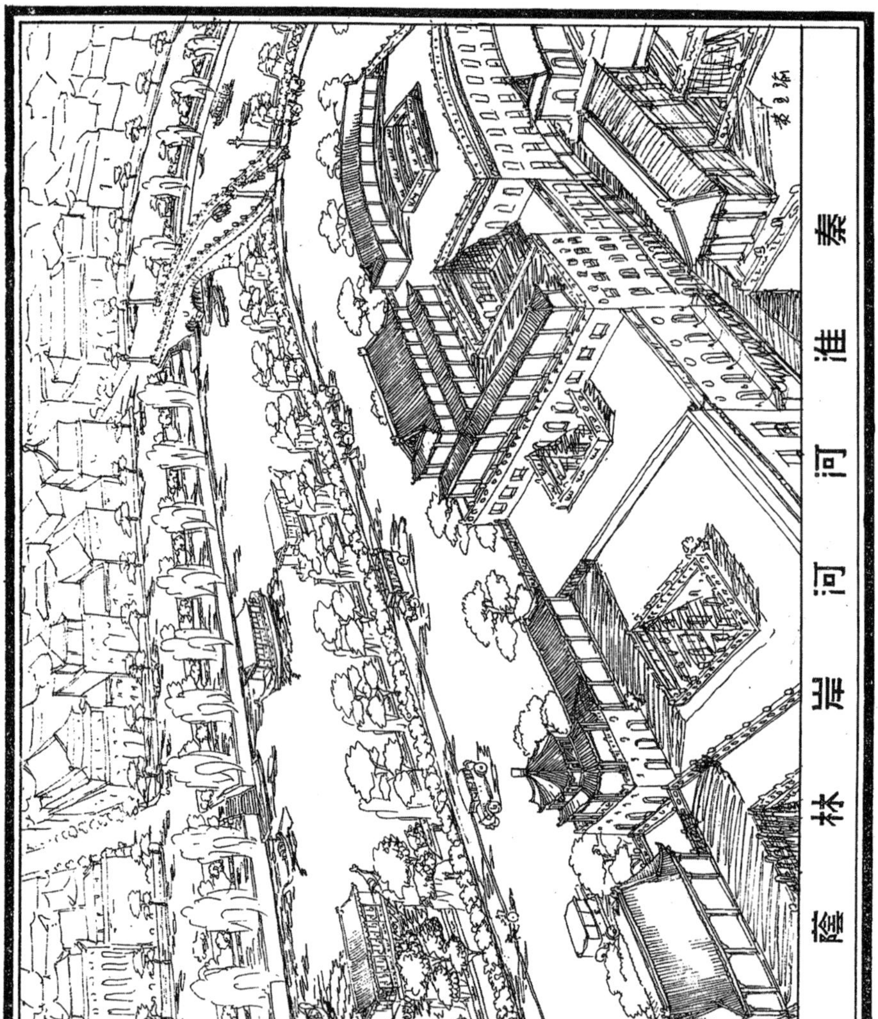

第三十圖

图三十

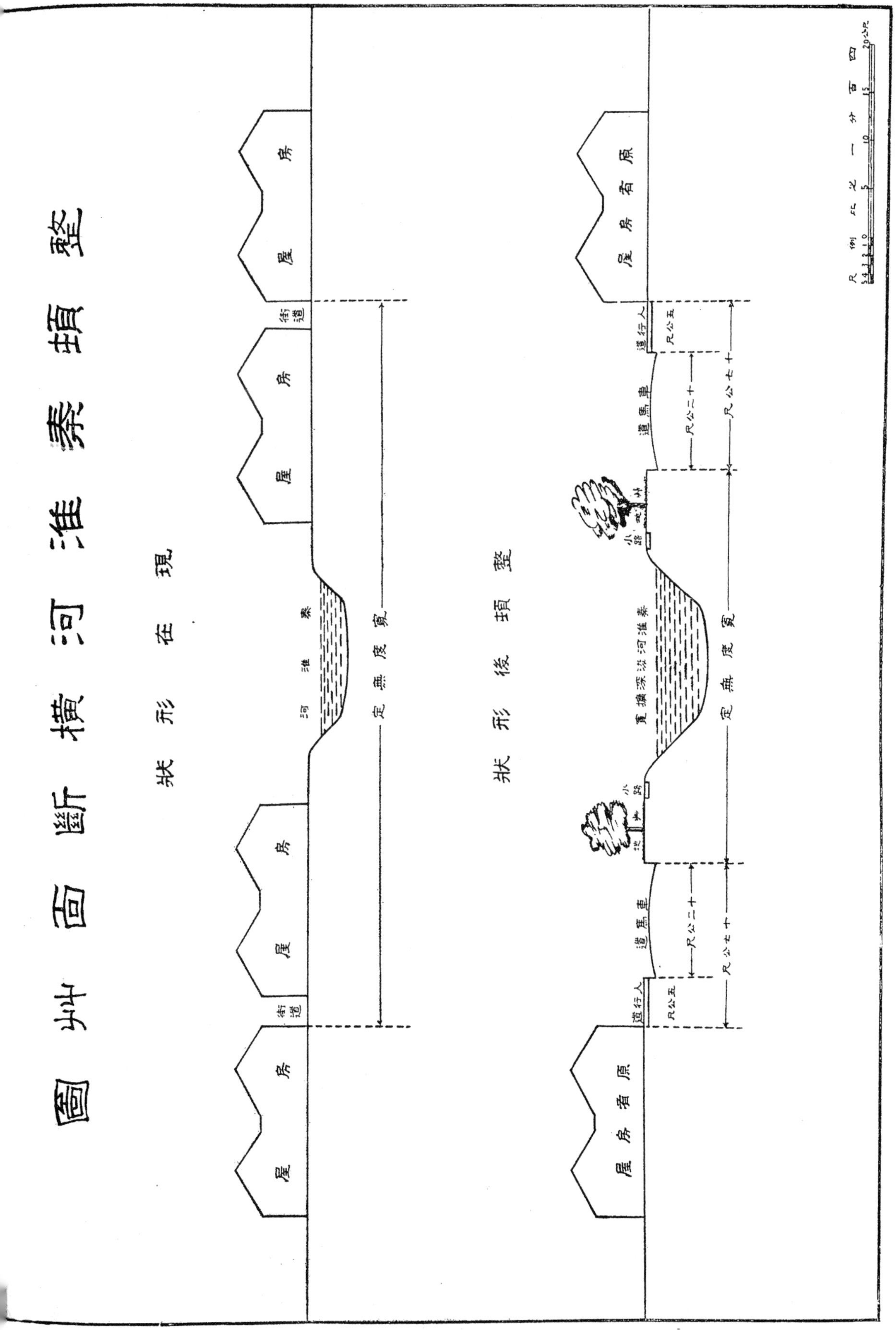

图三十一

西水關圖

東水關圖

第三十二圖

图三十二

水道之改良

南京原有运河二道，一为城外之护城河，一为城内之秦淮河，颇具完善之统系。护城河亦秦淮河之一部，环绕西南两方及东方一部分之城垣，河之宽度，似经展辟，故较诸城内之秦淮河特为广阔，货物之输运，往往资之。惟每年长江江水之涨落甚大，有相差至二十二尺者，因此之故，该护城河每年必有数月之久，水浅异常，不便输运。城内之秦淮河，水既不深，河面亦狭，加以沿岸居民，每将废物倾人，而靠河房屋，又将河边地面侵占，宽度深度，更为减少，江水大退之时，遂不免呈现干涸之象，故该河只足供游玩及宣泄之用，不能如护城河之可供运输也。城外护城河与城内秦淮河连贯之处，原筑有水闸二度：一曰西水关，在水西门；一曰东水关，在通济门。二闸之作用，一方在保持城内秦淮河之水面高度，使超出于护城河之上；一方又在防止长江水涨之时水之流进。惟此二闸，设备简陋，不能容内外船艇直接通航者也。

因有上述之情形，城外护城河与城内秦淮河，非分别加以改良，不足增其效用。关于改良之概要，兹述如次。

城内秦淮河既不便于运输，且将来道路改良，货物转运，亦无需及该河之必要，故只宜因利乘便，即取为游乐及宣泄之用。该河风景，在昔称盛，今则虽有数处犹存胜象，其他大部已失旧观。故今之改良，应拆除背河而筑之房屋，至与河道同向而最近河岸之街道而止；其非背河而筑之房屋，在距河岸不足宽度以内之部分，亦应拆去。拆卸房屋而后，两岸辟为林荫大道。林荫大道之宽度，各处因其交通情形与原有状况而定，不能一律。其中铺草植树，恢复其昔日美丽之风景，既可联络公园，亦可保存名胜，此计划完成后，当为南京生色不少。第三十一图即该河原道及改造之平面图。第三十图即拟改之河道全景，而两岸建筑林荫大道者也。至于该河水深之保持，可利用潦水之注入。查城内大部地方，几尽坦平，在长江水位高时，高出不过数尺，故由潦沟流出之雨水，须用抽水机排出之。此种抽出之水，可利用之以保持该河河水之深度，一方又使城内雨水得一消纳场所，此盖一举两利之道，惟在玄武湖西部之潦水，并应抽入湖中耳。

城外护城河既可运输，当其水浅之时，自应设法补救，以求运输之益便。补救之法有二：一为设闸蓄水，一为浚深河床，此应相察情形，择一施用。如采用第一方法，应在三汊河口，或在该河与城内秦淮河相会点以南，筑一水闸，保持水面高度。惟采用此法，有当注意者二事：其一，距城南约五十公里之处，有一大湖，该湖除夏季略有浅水外，平日不过一幅泥滩；而护城河上源，有一支流与之相近，地势又约略相同。二者之水，甚易联合，倘相联合，水闸所蓄之水，当其平时，不免流入湖内，河水高度仍难维持，果有此种情形，非更在城南部分，多设一闸，未见效果。其二，闸虽筑设二度，仍恃上流之水源源而来，倘上流之水供给不多，或上流更与扬子江相通，即设二闸，亦复无用。盖根据第五十图，护城河由通济门至与三汊河交点一段之河底纵断面高度，及长江平均水面高度计算，此段容积，在南京潮水标尺十二英尺时，约为八千一百三十万立方英尺。假定所设水闸，长一百五十英尺，宽三十英尺，每日开闭十次；又假定河水不于上举大湖相通，则该护城河所蓄之水，或因开闭水闸，或因水闸不密，或因日光蒸发，或因渗入地底，漏去不少，结果水面高度，降至南京潮水标尺零点上六英尺，是其漏去之水，足以减低水面高度，终与长江水面相等也。故关于设闸方法之用舍，应就护城河上流情形，详加参察，倘无上举两种情形，只须筑闸一度，即已足用。倘二者而有其一，则或应筑闸二度，或应完全舍去此法，是在将来考察结果之何如，此时尚未能定也。如采用第二方法，应先相察经济情形之如何，果相适合，始可著手。查该河河底高度，高于标尺零点之数，不在二英尺以下，加以人工锹浚，此项工程决不为小，然至必要时期，工程虽巨，亦所莫能避免者耳。关于所以保持河水深度者，具如上述。此外该河近城墙之一岸，并应筑堤，堤之宽度，倘地面足用，以一百英尺为适合。河与城墙间之空地，闻系政府所有，该岸之堤，并宜建筑货栈。又为便利货物转运入城计，须在适当地点，加开城门数度，否则卸在堤上之货物，转运入城，不免周折增费。河之他岸，有数地点，亦须筑堤，但以其大部分而论，最适为各种工业之用，无须筑堤，因工业利近河旁故也。

水道经改良后，城外之护城河，时时皆可运输，城内之秦淮河，时时可资消遣宣泄，其所裨益于南京商业之发达，游客之招致，卫生之设施，决不在小也。

夫子廟前秦淮河圖

獲城河圖

第三十三圖

图三十三

大中橋西之秦淮河圖

東水關西之秦淮河圖

第三十四圖

图三十四

公园及林荫大道

公园之设置，关系于市民之健康与幸福者至大，盖市民于工作之余，不能无所娱乐。公园内空气清洁，花木繁多，复有美术之物品点缀其间，固足以恢复其疲劳之精神，增加其身心之快感，而提高其审美之性质者也。南京之公园，现在已有多处，其尤著者，如中山陵园、玄武湖公园、第一公园等；其较小者，又如鼓楼公园、秦淮公园等。征之各园游客之众多，足见市民需要公园之深切。将来京内人口增加，且欲规划南京为一壮丽之都市，现有之公园，似尚未能敷用，宜择地增筑，并辟林荫大道，以资联络，使各公园虽分布于各处，实无异合为一大公园，以便游客之赏玩。所拟增建公园之地点，已详志于图中(见第二十一图及第二十九图)，兹择其尤要者而言之。雨花台、莫愁湖、清凉山等处，古迹所存，游客颇众，宜即将该地辟为公园。朝天宫建筑精巧，以足代表中国最优美之建筑术，宜辟为公众游戏之所，以供中外人士之赏玩。新街口在中山马路转角之处，有一旷场，该地在城之中心，宜筑为公园，以应附近居民之需要。下关行将成为一繁盛之商港，宜于扬子江岸傍，辟地以供游憩，该地可以远眺轮舶之往来，并足以便市民迎送往来之游客。又在浦口之西北部，大头山与大顶山之东，拟辟一郊外公园，略如紫金山中山陵园，惟规模则较为狭小。五台山、鼓楼、北极阁及北极阁以西之地，目前宜保留为公众游憩之地，以便将来于其中择地为建筑市政府机关之用。在五台山所保留之区域内，有一天然之希腊式运动场，可为足球等游艺之场所。上述各处公园，均为事实上之需要，非无益之铺张可比。城市计划，若只求城市之美观，而不计市民负担之轻重，市内财政之盈绌，殊非得计。故本处对于公园及林荫大道之规划，一方固力求美观，一方复求其适合于实际，所择之地点，非属于保留为他项用途，即其地价廉贱，人口尚少者；而林荫大道，又多可辅各干道交通之不足者也。查世界之旧城市，多有感受公园之过少，不惜费巨款以购地增筑者。南京现在地价尚廉，建筑物尚形稀少，诚宜及时收用各地，逐渐增建公园也。

公园之游客愈多，而公园之效用乃愈著，顾欲使最多数之市民，易于到达公园，宜筑有林荫大道，以使各园联贯。此种大道之性质，与园无异，道上多植树木，设有座椅，以供游客之休憩，并有网球场、儿童游戏场等各项游乐之设备，覆于街道之两旁，筑有汽车路，以便往来。其道旁之地段，风景美丽，而空气日光，亦特较他处为佳，最宜于为建筑旅馆及办事处之用，地价必昂。纽约白伦氏河林荫大道（Bronx River Parkway）两旁之地段，十年后地价竟超过初购时八倍，实为一绝好例证。南京现所规划之林荫大道，平均宽度约为一百公尺，但所留草地、植树地及两旁之汽车路、行人路，其宽度不必一致，宜视各处之需要如何，异其广狭，因若务求划一，且不免有板滞之嫌，转于风景有碍也。所拟之大道，多有在秦淮河之两岸者，盖南京之新路完成后，城内货物之输运，车辆将代驳船而兴，秦淮河只足供游乐并排泄附近之潦水之用而已。所拟定之林荫大道，有特别足以引起市民之兴趣者，即在城内之墙脚下，筑道以环绕一周也。该道车辆路与城垣距离之余地，亦宜含有公园作用，以为增加风景之助。规划该道之意，不仅用以为行驶车辆之支路，藉以减少商业区内车辆之挤拥，而城内各处市民之往还，亦可得一捷径。将来城垣上之环城大道，所需于该道者尤多，因可即就该道建筑斜坡道路以直上城垣也。将来城垣大道完成后，若在城垣上驾车游玩，则全城景物及附近乡落之风景，与夫紫金山、扬子江之山色波光，均将一一涌现于目前。此种游乐大道，世界上殆亦不易多得。抑考诸设计不良之城市，行期匆促之游客，倘欲遍览城内冲要之商工业区域，往往须虚绕途径，以致旷废时刻，而对于该市，亦易生一种不良之感想。故近代城市多架空筑路，以便驾车直驶，不致为横路之车辆所间断；同时复能纵览市内优美之景物，而不必虚耗时间于无足游览之地点。南京城垣大道所经之处，在在皆可赏玩，不啻一天然之高架路也。在富贵山后，有一部分之城垣，经已拆卸，若欲筑回原状，所费不赀。补救之法，宜将该部分之高度稍为减低，筑以最省费之方法，同时复求其无碍于车辆之行驶。惟首都设计初成，百端待举，如为经济所限，固不必亟亟于此耳。

南京所设计之公园及林荫大道，在城内共约一千六百英亩，占全地面积百分之十四又四分，若将来城内居民之数为七十二万四千人，则居民每四百五十三人占有公园一英亩。下列之表，即根据此数以与欧美各大城市比较者也。

南京之公园面积及分配人数与欧美各城比较表

城　名	公园占城内土地之百分数	分配每英亩公园之人数
南京城内	一四·四	四五三
大南京	六·六二	一三七
伦敦行政区域	九	六八〇
大伦敦	四	四七六
纽约	四	六九三
巴黎	二六	五七六
芝加高	四	六一六
柏林	七	一八四〇
费城	八	二六一
波士顿	十二	二一〇
华盛顿	十四	七八

从上表所载公园占城内土地面积之数，南京城内与华盛顿虽为同一之比例，而分配于每一英亩公园之人数，南京实超于华盛顿六倍。反之，公园面积之比例，柏林仅少于南京二分之一，而分配之人数，柏林竟多四倍。南京人口之密度，固介乎二者之间也。南京城内公园所占土地面积之比例，多较世界上各旧城市为高。惟公园之规划，不应以面积之比例为计算，而应以人口之密度为标准，南京有数处地点，人口固特较稠密也。世界之旧城市，大都因使用公园人数之多，而感公园之过少，现方力图补救，以期分配得宜。南京当设计期间，实不能不预先顾及，城内四百五十三人占公园一英亩之数，本嫌其未足，幸城外之紫金山、玄武湖、莫愁湖及雨花台等公园，均易到达，足以调补。大南京每一百三十七人，即占公园一英亩，此数实城市设计家所认为最适宜者也。

兹将南京较大公园面积表列如下[1]：

①原书此处为“如左”。

所在地	园　名面	积单位（华亩）	总计（华亩）
城　内	第一公园	四三三·六	
	鼓楼北极阁一带公园	一五六七·五	
	清凉山及五台山公园	二七五八·八	
	朝天宫公园	一四七·一	
	新街口公园	四四四·一	
	林荫大道	五二一四·〇	
			一〇五六五·一
城　外	雨花台	四七三二·二	
	浦口公园	八二六三·二	
	莫愁湖公园	三一八一·二	
	五洲公园	九二七三·〇	
	中山陵园	五五七七〇·〇	
	下关公园	一九二·二	
			八一四一一·八
城内及城外	公园总面积		九一九七六·九

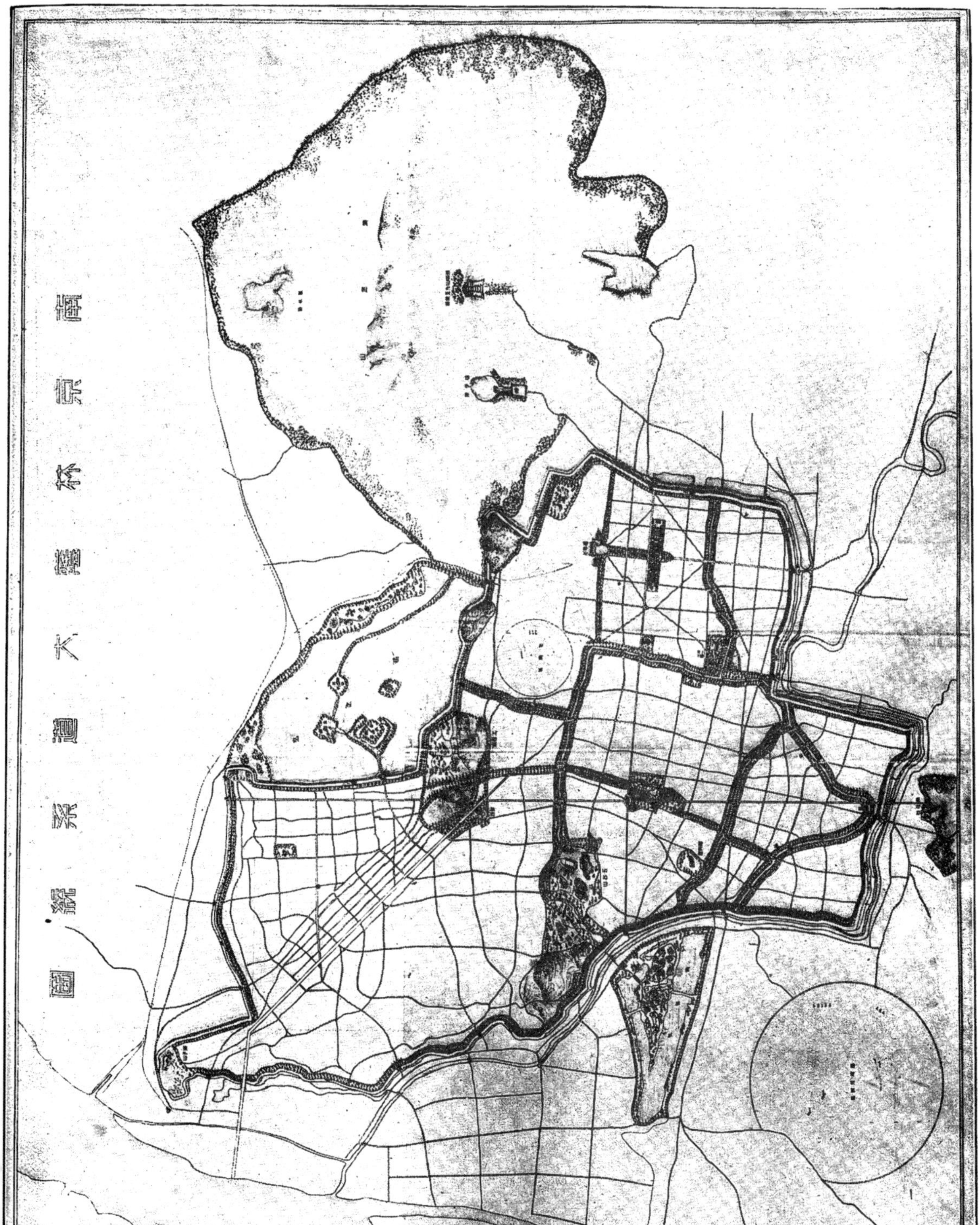

第三十五圖

图三十五

北極閣圖

朝天宮牌樓圖

第三十六圖

图三十六

明故宮五龍橋圖

烏龍潭圖

第三十七圖

图三十七

交通之管理

繁盛之城市，车辆络绎于路上，若非妥订交通法规，使驶车者知所适从，行人知所趋避，则市民之生命财产，实有莫大之危险。南京现有车辆，为数尚少，而危险之发生，且已不免有闻。后此车辆日增，危险必将愈甚，交通管理之法规，自不能不从速订立。此项法规，宜分普通、特别二种。普通法规，通行全国；特别法规，则参酌各市特别情形而定，而通行一市之间。故普通法规，应由中央政府颁布；特别法规，应由各市自行酌定也。

美国从前车辆行驶之法规，无论属于市内街道者，抑属国有公路者，皆由各省区就其所及之范围，自行订定，因而省与省异，区与区异，纷纭庞杂，曾无一律之准则。甲地汽车驶入乙地，驶车者每每莫知所措，困难备至，交通滞碍，影响至大。一九二五年，胡佛任商业部长时，因设一专订交通管理法之委员会，以期全国划一，减免障窒。该会参酌欧美各市交通之情形，及其所订之规律，集思广益，历三年之久，始将法规完全订立。该项法规，现方发往各省区采用，推行而后，可决其减免危险障碍不少也。中国各城市，已有交通管理法之规定者尚少，情形与美不同，不必多所更张，即可趋于一致，故亟宜乘此时机，取美国之所定者，斟酌而损益之。订立南京交通管理法，再将其普通者布之全国，以为国道、省道、市道之用；其特别者，并备为全国之模式也。

普通法规之内容，包括下列各项：一、车辆及车夫之考验；二、给照之手续；三、所有道路上规定之章程；四、车夫玩忽业务之解释；五、城外之速度；六、城外之停车；七、汽车用品如机械、汽笛、车灯之设备；八、商用汽车之容积及重量；九、意外事项之报告；十、法规之施行及违章之罚则。

国内各市之情形不同，于不背普通法规之原则以上，各市得订定特别法规，以为各该城市之用。此种法规，包括下列各项：一、行人往来之规则；二、汽车之停留法；三、大道或林荫大道上、商业区或住宅区内速度之限制；四、公共车辆如长途汽车或营业汽车之行驶；五、人力车及手车之取缔；六、一方进行路内之行驶；七、交通符号之设置及运用；八、交通警察之责任。其中重要者，兹并分述其大要如下。

（一）停车　此项法规，应如何订立，实属最难解决之问题。在未订立之前，务须详加研究。大抵在商业区或其他繁盛之区域，停车之限制，客车则以乘客上落之时间为限，货车则以货物载卸之时间为准，然无论如何，停留时间以不过一小时为限。而在此一小时限制之内，亦应确定一最完善之时间标准。最善之方法，莫如先就各车辆停留之情形，加以试验，再以试验所得，确定一标准之时间，使循此时间而停车，无论如何，道路两旁之渠边地，时时皆留有十分一之空隙。如此则平时来往之汽车，皆有停驻之机会，而亦不致拥塞于路上矣。凡繁盛区域之道路，其两旁之路面至为贵重，应供一般人民之享用，不能为有汽车者所独占。如将此两旁之路面，各划出三公尺之宽度，取为停驻汽车之用，实为最不公平之事，盖有汽车者，不过市民之少数，既独占之以为用，是牺牲大多数人之权利，而益少数也。又区内如有未经建筑之空地，市政府亦应设为停车场，使车辆得付极少之费用，而获长久之停驻。惟至建筑繁密，此项空地，固不易得，即得价亦必贵，仍为车场，殊觉不宜，此时市政府应建停车房以代之，而收回较多之租值。此项停车房，不特可以收回租值，其中并可售卖汽油、车轮及汽车应用各品，并可经营修补汽车之事业，于便利交通之中，并有增加收入之效也。

林荫道路，即两旁植有树木之道路及直通干路，当往来最繁密之时，应禁止汽车之停驻。惟一路之上，其中人车之往来，必成为相反之二向。此相反之二向，有时因早晚之不同，而疏密互异。如从甲向进行者，或朝疏而暮密，从相反之乙向进行者，或朝密而暮疏，在此种情形之下，停车之禁止，又应因乎早晚之疏密，而分别施行于一面。即如上举之例，晨间施行于从乙方向进行之一面，晚间施行于从甲方向进行之一面是也。其如何规定，应根据其交通之情形而为之，此外大抵适用两面一律禁止停车之规定也。凡此种停车法规，当其未定之前，对于干路交通之情形，均应详加调查与研究，否则所定法规，难收美备之效果，而交通上之障碍随之。最善之制，莫如使所有汽车，除最短促之时间者外，皆须离街道而停泊。由市政府规定，凡新建住宅、商店、货栈或办事处，皆须自备停车处、装卸处，方准发给建筑执照。如是则货车得在屋宇界线内装卸，而乘坐之汽车，亦得在自备之停车处停留，街道上交通之窒碍，当可减少。现美国各地，已有采用此制之趋势，其住宅及办事处，尤多自辟停车处或装卸处者，盖不特无碍公众之交通，而私人亦得有无限之利便，但此种办法，只可施诸新建或重建之屋宇及建筑有小巷之区域而已。汽车在街道上停泊，固应设法避免，而货车驶上渠边石起卸，有碍行人，且伤行人路面，尤应严为禁止。

至于汽油之售卖，及车油之添加，无论何时何处，皆不得于路上行之。凡售汽油者，应有一定之地方，以备汽车之驶入。又停车法规既定，并须牌示通衢，俾知遵守。

（二）速度　具有十二公尺宽度之道路，汽车行驶之速度，应规定为每时二十英里，无此宽度者减少之。在林荫大道或直通干道上，则不妨酌加。其如何规定，一视道路宽度及交通疏密之情形何若，而同时又须与玩忽业务之条文一一相副。

（三）公共车辆　此指长途汽车及营业汽车而言，其管理方法，此一城市常须与他一城市互异。关于此项车辆之停驻地点，应随处规定，以便公众之乘搭。惟在规定地点之外，所有该项车辆，不得随处停留及招揽顾客。

（四）一方进行之道路　此种道路，规定所有车辆，只向一方进行，不得交互驰驶。关于此种道路之规定，应经专家详细之研究，不得稍涉任意。规划得当，固可减免挤拥，便利交通，惟稍一失当，交通方面，便生无限之窒碍。南京城内原有之狭路，未辟宽以前，应多定为此种道路，而城南一带人烟稠密之处尤然。

（五）交通符号　所有直通干路、繁盛区域道路及偏僻孤静之交叉点，皆装置交通灯号，以为汽车进止之程准。需要迫切者，更宜及早装设。此项灯号，宜用三色之自动不定时进行式（Flexible Progressive）或定时进行式（Limeted Progressive）。集合各项灯号，用一总司时者管理之。不定时进行式，系因道路地段之长短，而规定交通符号转换之迟速；定时进行式，则道路段落纵有长短之殊，而交通符号转换之迟速，仍归一律。两者究以何种为适宜，一以道路统系之情形而定。前者设备较为周密，费用亦较为昂贵，在管理情形特别困难之下，应利用自动机械而转动。惟上举偏僻孤静之交叉点，其所设之灯号，不与他处相连，应另设管理者以管理之。灯号之转变，虽在利用机械自动之装置，仍须另设手动机，以备机械之损坏。关于灯号之设置，现在最盛行者，为装置于渠边石角端之柱上，四角四柱，每柱一灯。美国华盛顿城设置此项四角灯号之费用，约与设置于街中者相等。除在极不规则之道路集中点外，树立或悬挂于街中之灯号，皆不宜采用。灯色之顺序，由绿而黄，由黄而红，周而复始。绿色为进行之符号；红色为停止之符号；而黄色为预示之符号，表示灯号之将变为红色，此符色之出现时间，定为五秒，当其出现时，凡驶近交叉路口之车辆，于红灯未现，而他项横过街口之车辆（即以驶近交叉路口之汽车为标准，其从左右两向而行之汽车此时方在停止中者）未发动前，应继续进行，其距交叉路口二十公尺以后之车辆，即应减少速度，使至红灯出现时，可以即时停止。黄灯之作用，在于保持交通之安全，减免交通之障碍。盖车辆之在进行中者，如其速度为每时二十余英里，则有此黄灯之符号，驶车者即可得一预告，知其符号将变红色。此时该车如已驶进交叉路口，当即依照相当速度，继续进行，一届红灯出现，横路上之交通，可以即时恢复，而免去无谓之停滞。其距交叉路口二十公尺以后之汽车，亦不致妄行驰驶，致号灯一变红色，停留不定，而与横路来往之汽车相撞。盖汽车之速度，为每小时二十英里时，亦不易于十六公尺以内之路线停止也。且此黄灯之作用，不独有利于车辆之交通，亦利行人之来往。盖行人见此黄灯，即知停止之车不久即复进行，而可预计其时间之若何，得于车辆未动之前，横过路面，到达安全之地。而由此观之，更可见停止之车辆，无须警告，而红灯之后，不必继以黄灯，否则不独延滞交通，且红灯后再用黄灯，驶车者反因不耐时间之久延，不待绿灯出现，即行开驶，而致时有危险发生也。

在直通干线之上，灯号之装置，以使所有依照法定速度行驶之汽车，不致在每截路口均为红灯所阻，始为至善。欲达此目的，可就实地交通之情形，灯色转变之时间，详加参酌，而规定适宜之横路路线。南京所拟之路线，即本此而定，而又出之简单而廉费者也。又车辆之停止时间，无论如何，不能超过一分钟之上，其最普通者，乃在三十至四十五秒之间，如此则纵为红灯所阻，亦不致多感窒碍。交叉点之用电灯符号，不独有以上之便利，即交通警察，亦无在该处指挥之必要也。

（六）交通警察　无论何种城市，皆应注意交通警察之训练。训练之实施，公安局应特设一课以办理之。该课须训练一部分之警察，使能驾驶双轮汽车，以制止不依法定速度及其他玩忽之驶车者；又须训练一部分之警察，管理不设灯号之交叉路口。此外，关于交通法规之推行，该课应负全责，凡有违犯规则者，须从速处理，务使所定法规，具有一定之效力，不致有章而不奉行，或违章而不受罚。

城市内之交通问题，至为复杂，而管理之计划，尤非富有该项学识经验之专家，不能办理妥善。倘将是项法规早日妥订公布，则人民之生命财产，必可省无限之损失也。

铁路与车站

南京为天然便于交通之地，其水道之深广，即上海亦无以过，而所处之部位，更适于全国铁路之集中。计循已有之铁路，可达浙、鲁、燕、晋、豫、皖、鄂、湘及辽宁、吉林、黑龙江、察哈尔、绥远诸省，固隐然有为全国中点之势。不过直接到达之路线尚少，计只有沪宁、津浦二路，而津浦一线，又只达浦口江岸，其与对岸路线，尚无若何之联络。此天然之地势，实未有以尽其用。现在南京且为国都之所在，按诸事势，全国交通中心，更不能舍国他择，故港口、铁路，均应有详细之规划，以完成其交通枢纽之地位。港口一项，他章详之，是篇所及，仅铁路及与铁路具有密切关系之车站、停车场及火车渡船而已。兹分述之如后。

（一）铁路

长江自西南来，抵南京，即向东北而流，达八卦洲，复沿东及南部之山，转而东行，适将所拟国都界线之区域，分而为二。西北之一小部为浦口，地多平坦；其东南之一大部分，则为八卦洲与南京城各地。若比长江为扇形之弧，其半径约为七十公里，扇面以内，皆山地也，而夹江横贯其间。关于境内铁路之位置，其在南京城方面者，根据地形之便利，以间于五龙山东部及长江东西两部之平地，并沿夹江南岸之地域为最宜；其在浦口方面，敷设轨道，随处皆可，惟地多低洼，每须填筑，且在远山之外，有大湖数处，不能不迂道避之，此则不可不注意者耳。

兹先述南京城一方面之铁路。现有铁路，只得沪宁一道。该路过尧化门后，循紫金山北部小山山边向西而行，经玄武湖东北，又经狮子山麓城外低地，而达于长江江边。其中玄武湖东北一带地段，最宜辟为郊外住宅区域，现已为计划中之所定，该路从中经过，不免有碍其将来之发展，故拟自尧化门站起，向西北另筑一线，经卖糕桥而至神策门站（神策门现已改称和平门），与旧线相联络，该路线之位置详见图中。再由卖糕桥筑一南下之线，通过太平门站（太平门现已改称自由门）进自由门，而直达总客站。再迤而东趋，经中山门之北，沿护城河而至大校场附近。其自太平门站以至神策门站之一截旧路线，则悉行拆去，以保全玄武湖东北所定郊外住宅区之地位，此关于沪宁路线之改造者也。此南下之路，十余年前亦曾测有一线，不过当时所测定者，系由太平门站附近分枝入自由门，经城之东部，再向西南而趋，至通济门附近而出城，其中不经，不免与原有及将筑之街道，成为锐角之交叉点，使其附近诸地，尽成畸形而不适于用。亦有一线，系横过明故宫自北而南者，此线对于上项缺点，固可避免，惟明故宫终有恢复其往时重要地位之一日，该路从中经过，亦不适宜。故任循一线而筑，非架空敷设，或填筑土方，即须建于地内。惟架空设轨，附近产业受损滋多，据美国许多城市之经验，业已证明其不宜。又填筑土方，敷设双轨或四轨，一则土堤浩大，筑成之后，穿过繁盛区域，阻碍交通；二则经过路口须架桥梁，又易发生危险，故更不宜。至于敷设地底轨道，费用又未免过巨，南京现在亦不适用。故此南行之线，应在明故宫附近转向东行，经中山门之北，穿出城墙，沿城濠向南而下，而与京粤路线相连。如此建筑，比较实经济而且切当，且该截路线所经各地，可用较廉之一面露天建筑法，将轨道隐藏其中，不为城墙与中央政治区中间之地所见。此法纽约中部铁路沿河边公园一带之处，曾施用之，盖甚适宜也。东部南行之路线既定，城之西部，为港口及工业区所在，尤靠铁路以谋发展，亦应筑有南行之路线。该线可从下关过江码头附近起筑，略与夹江平行，经过拟筑之港口及工业区等地，与东部南行之路线，成为双管齐下之象。此外所以联络此二线者，除在北部为沪宁路线中之尾段外，南部之联络线，拟从京粤线南圩附近起，西向而行，经雨花台之北，穿过民田，连接由下关南来之路线，再延而西北，达于长江江口，与将来之河底隧道相连。此四线成，适将南京城环绕一周，所有货物之输运，皆可畅达无阻。故此南部之横线，即河底隧道暂不建筑，亦应完成。此关于联络线之计划也。沪宁路本有一线，不经镇江，从南京南部而入，该线较诸经过镇江之现在路线，约短七公里半，当时建筑，本以此线为宜。惟自今观之，镇江已成为江苏省会，沪宁路线实有经过之必要，但从南京南部而入之一线，现今亦应先筑为单轨之铁路，以为沪宁第二轨道。该线在殷家镇之东，为与京粤线之天然联接点，此又间断线之计划也。由自由门南下之路线，与从雨花台北横建之路线相接后，并应向南展筑，与间断线相接，一方既循之而至无锡、上海，他方京粤、京湘诸线，一经建筑，亦从此而接驳。

次述浦口方面之路线。浦口方面现在入境之铁路，亦只有津浦一线。该线与对岸之路线，尚未联络，因而铁路交通，不免为长江所中断，故所以使之联成一气者，实为铁路计划中之重要部分。关于越过长江之方法，不外建筑桥梁、建筑隧道、设置火车渡船三种。惟长江江面，阔而且深，两岸土质，又欠坚固，殊不适于架桥，架桥一法，暂可不论。至于建筑隧道，亦以江水过深，甚有深至一百六十五英尺者，故大部地方，均不适宜。惟据民国十一、十二两年海军所制水道图所载，只有水西门西之浅滩，可筑一预铸筒管式之隧道，故建筑隧道，亦惟选择此地。实行建筑之时，须由浦口车站筑一与长江平行之路线，与之相联，惟该隧道之建筑，需款颇巨，苟非至可能时期，浦口方面与南京方面之火车，应用火车渡船相联络。火车渡船之码头，下关与浦口两方面，皆与图中见之。

以上路线之规划，一以经济为本，无论路线之建筑，客货之载运，费用务求省约。故路线一求其直，斜坡一求其小，即有需用曲线之处，其直径亦大，其详细情形，悉在图中绘明。所有路线，其两旁除选择适宜地点留为车站、车场外，概须保留相当之余地，以备需要时最少可敷四干轨道之用。

（二）车站及停车场

考之行车经验，客站宜与货站分离。而火车载客之费用，较之运货为轻，但客站之建筑，则较货站之所费为大。故为经济而计，各车客站，宜择一繁盛适宜之地点，总建大站一所。现在下关之沪宁车站，与南京现在及将来之人口中心点距离太远，不适用为客站，故留为货站之用。至于总客站，拟以明故宫北由自由门至中山门路线之转弯处为之。由北而来之沪宁火车，经此总站，可直达京粤、京湘路线；一方又可通达拟筑之隧道，与津浦路相接；由南部拟筑之间断线而来之沪宁车，亦可经此总站，而达现在之过江码头。且以南京发展之趋势观之，明故宫一带，必成为将来商业之中心点。故无论如何，大商店、大旅馆、大戏院及政府人员之公馆等，必在此地建筑，今设总客站于其附近之地，更足以促成其为一优美繁盛之商业区域，与纽约中部铁路之总客站，具有同一之效力。现查该地之大部分，均系公有，出租与人，必能得一大宗收入，较之改为他用，获益实多也。总客站之左为邮务局建筑地址，其右为铁路管理局建筑之地址，均于第三十八、第三十九两图中绘示。关于该项屋宇正面之构造，亦于图中详之。简约言之，总站备具二十条轨道，分对排列，每对中有一宽七公尺半之月台，并从宽阔之隧道与他月台相通，其进出之处，各有二公尺半之斜坡路。此项建筑，其宗旨所在，系求最灵便而最经济。其一，无论列车来自何方，皆能直驶入站，更换机车，加减车箱，再驶往各路，而不必倒行。其二，有直通轨道数条，往返京粤线上之货车，不致混入客站，且有小货车场一所与之相连，以便更换机车及脱留车箱之用。其三，停留客车之轨道极多，即营业发达至于极点，亦无供不应求之虞。其四，有圆式机车房，可容机车百辆，以应其需求，而房外更有轨道，以留继续而来之机车。其五，有支线达邮局，以便邮运，而由邮局至客站月台，更有地道可通，此又其特点所在也。此种车站与车场，非有电与气或全用电之联锁信号，不能谋转辙之灵便及危险之免除，惟此项信号之设立与运用，事至繁难，须聘最优良之信号工程师以主其事耳。

关于停车场之地点，定有数处，以备停留各项车辆之需。一在香林寺东，由自由门至中山门之路线所划出一小三角形之地段；一为京粤线与由自由门南下线相接之处，在大校场之东北隅，此处有广阔平原一幅，可为大车场之用。至于环城路线一带，亦有许多地点，可用为货车场，尤以太平门站东面之地为广阔可用。

（三）火车渡船

火车渡船之设置，为目前最切要之图，非此不足以联贯南北客货之运输。其设置之法，须在江之两岸，各设码头一座，以资该渡船之停泊。各该码头之上，由地面轨道至江中水浅时水平线之高度处，须架以坡度不过百分三之斜坡一度，支以活动之架，随水之涨落而上下移置之，以便火车经过斜坡及活动架而上落渡船。如此设备，凡长江两面之火车，皆可直接相通，不必更换车辆，致起窒碍。南京水面之涨落，从民国元年至十五年，平均十六英尺，最大二十四英尺，故斜坡之长，约需四百三十五公尺。如是则水面最低时斜坡之下端仍在水中，水面最高时上端又高出水面三英尺也。与码头相辅为用者为转辙车场，故应择一附近之适当地点建筑之。所有从干路驶来之车辆，经过此转辙之车场后，便可直达斜坡。

其他停放来往商埠工业区及干线车辆之车场，可设于此转辙车场之邻近。在干路与商埠工业区之间，亦须设一停车场及一完备之分类车场以备用。至于所用以载车之火车渡船，则宜以钢制成，并用汽船为之拖驶。为便于水面底下时航行计，船身之长，应有三百七十公尺（美国南太平洋铁道有一钢制渡船，长一百一十二公尺，宽十五又五分之一公尺，上设轨道三条，每条可容车箱八辆），此种设计，殊为适宜。盖渡船自身备有行驶之能力者，费用较巨，又能自行驶而船面并能升降者，虽斜坡与活动架不必设置，然不惟费用尤巨，且水低下而有风时，危险亦多，

更无论其须在国外制造也。凡渡船及相与为用之活动架拖船，皆可在国内制造，约计其值，制造码头二度、钢船一艘、拖船一艘，不过三百万元耳。关于火车渡船码头及其附近地点，于第四十四图中详之。

SKETCH OF RAILWAY CENTER FOR NANKING
明故宮火車總站鳥瞰圖
RAILWAY OFFICE BLDG
CENTRAL RAILWAY STATION
GENERAL POST OFFICE

第三十八圖

图三十八

鐵路總站車場軌道圖

第三十九圖

图三十九

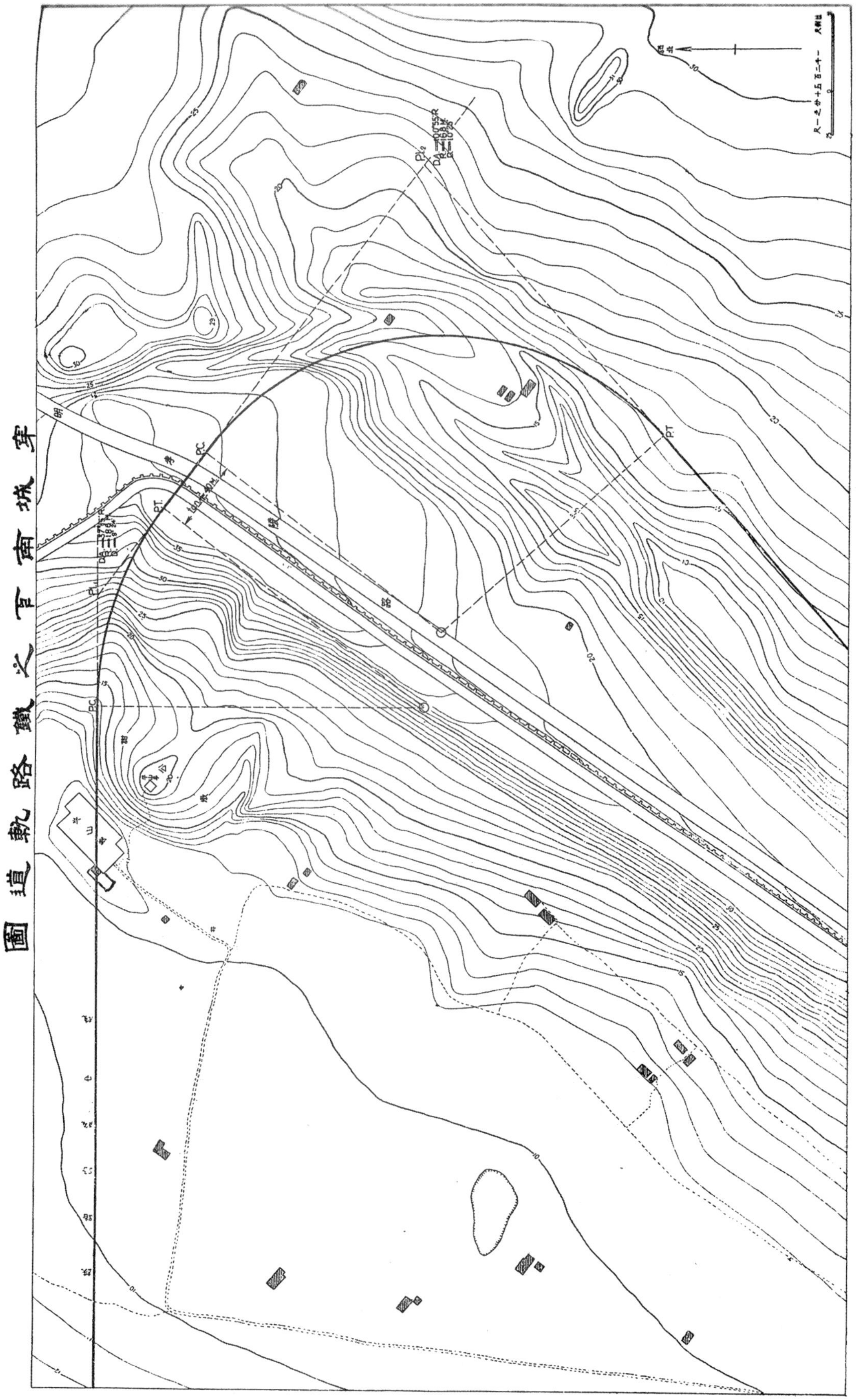

第四十圖

图四十

港口计划

良善之港口，固须水深足用，可以航行巨大之轮舶，而有铁路、公路及其他河流以资转运，亦为重要之条件。盖对外贸易，必得各项交通，以转达于内地，然后该港乃能日臻于繁盛也。港口之设计，关于现在及将来之人口，并原料及制造品进出之种类与数量，不特其在港内者，须有详细之调查，其在海舶不通，而该港交通所及各内地，亦应为缜密之研究。既知人口货品之种类与数量，而后规划码头货仓乃有根据。

南京将成为世界上之一大港，殆无疑义。其位置在扬子江南岸，约离黄浦江与扬子江合流交叉点二百二十英里。现当潮水高涨时，虽在冬季，航行于上海最大之船舶，殆无不可以抵京。由长江至南京之水道，惟狼山滩之水稍浅，若将该滩浚深，则无论潮水之涨退，巨大之轮船，随时均可通航。顾目前入京之轮舶，为数倘非甚多，俟输运日形增加时，然后浚深，似未为晚。并宜于该滩筑一导河流墙，以免沙石之停聚河底。就筑墙地点观之，所费尚轻而易举。上海离长江口有十四英里之遥，是南京与海之距离，仅较远于上海二百零六英里耳。且一过狼山滩，沿路水深，皆远过于世界上最大轮船之所需要，即就南京现在港口界线内之停泊轮船河面而论，其水之深度，亦由五十英尺至一百六十英尺；河身之宽度，竟超过一英里，其最狭之处，亦为三千五百英尺；均已于图内志明（见第四十二图）。河流速度在潮水最高时，每小时亦少有超过四海里者，冬季仅为由一海里半至二海里。潮水高涨之度数，冬季为由二英尺半至四英尺，而夏季则常少于一英尺（见第四十三图）且有多处河身特宽，足供巨舶之回旋而有余。又因河水特深，虽有飓风，浪亦不大，皆其优点也。

有以南京离海颇远，难成一良善之海港者，实则世界上距离海岸较远之港口至多，兹择其尤著者而言之。新柯兰士 New Orleans 为美国第二大港，处于密西西皮河 Mississippi River 岸旁，离墨西哥海湾有一百零七英里之远。美国特萨士省 Texas 之休士顿港 Houston 离海有五十英里之远，且同时有贾维士顿港 Galveston 在海湾口与之竞争，仍得以一运河及圣化精道河 San Jacinto River 而成为一极重要之港口。美国纽约省之亚本尼城 Albany N.Y.，现方建筑港口，该城由赫臣河至纽约城出海，距离有一百五十英里之远，且凡往来于该城之轮舶，皆须行经纽约，顾政府仍愿投资一千五百万元，以为改良河道及建筑该城码头及货栈之用，盖深知该城将成为重大之港口也。门提利澳埠 Montreal 在加拿大之圣罗伦士河岸旁 St.Lawrence River，为世界上一最大港口，但其距离倍尔岛之海峡有一千零二英里之远。凡上所举，皆其荦荦大者。离海稍远，固无碍于南京港口之发展也。

长江为世界上最大航道之一，轮船在该江及其支流由上游驶至南京时，水程达千余英里。内地货品，如煤铁棉丝之属，皆得以廉价输至南京，由京以转运于外国；而外国之货，如钢料机器等类，亦得输至南京，以转运于内地。又各省出产之物品不同，此地之所有，或为他地之所无，贸迁之中心点，行将舍南京莫属，盖南京非惟有水道之利，而陆运之便，亦有非他处所能及者。现在大南京为津浦、京沪两路干路之终点，津浦路在江北浦口，京沪路在江南下关，将来京粤铁路完成，更足以达不能通航之各地。自浦口至南京，有不必费巨款而即可直接通车者，以可以采用火车渡船办法也。所拟筑之公路，南京行将四达于内地，货品更可用汽车输运，以供给轮船、火车所不通之处。预料藉河流、铁路、公路三者之输运，有一万万人之农产品、工业品可运至本港，以分销于各处；而舶来品得由本港以供给之人口，其数亦如之。

在南京范围内，究应以何处为发展港口之地点，须按切全城之设计、各区域之分配，详加研究，然后能收良善之效果。计划港口时，有须注意者四点：(一)接近输运机关。凡港口须有火车交通之便，俾出入口之货品，赖以转运，且须在铁路干线附近，藉省建筑停车场之费。此种停车场，宜有宽广之面积，并宜妥为布置，使机车头及车辆之调换与使用，能以最廉省之方法，收最便易之利益。(二)自码头至城内之工业区，须有利便之输运。如系用驳船运载，对于货物之起卸，当求避免迟滞之虞。如系用汽车转运，当求其避免街道之挤拥。码头与工业区之交通，宜有铁路以相衔接，因运货时，有以全架火车载运者。(三)在港口工作之职工，附近宜有住所之设备，并须预留充分之空地，以备将来之用。(四)港口之规划，对于下列各地之面积，宜预为估计，并先事保留，即海轮、江轮、驳船、火车渡船等之停泊处，及火车站、货栈、谷仓、冰房、露天堆栈、各种火车之储车场等是也。综观以上四点，南京均宜以下关为主要之港口，而以浦口辅之，并以浦口专为输运特种货物之用。下关之位置，处于将来工业区与火车货站及各种车辆储车场之间，铁路之交通，至形利便，若采用火车渡船办法，则乘客货物，自上海、广州至北平、天津，均可直接通车。查用火车渡船以渡过内河之法，在美最为盛行,盖可省去筑桥巨费,而试用有效者也。现在由新柯兰士埠西往之火车，皆用渡船，以渡过密西西皮河。又所有自西部入纽约埠之火车，亦采此法，前此华盛顿与波士顿之交通，客车与货车均用渡船，环经纽约港口，为途凡二十六英里之远，近始增筑火车隧道，藉省时间，第该处渡船之用，仍未全废。南京将来用渡船以接驳路轨，收效必大，殆可断言者也。

港口之地点既定，应进而研究码头之建筑。现在各国所筑之码头，约分四种，究以何种为适宜，一以该地之情形以为定。第一种，系自岸边伸出河外，以便轮船入内停泊，其长度因地而不同，其上盖有货栈，栈外留有八至十公尺宽之空地，在该地筑有一行或两行之路轨，以便输运。美国各埠，如其河身之宽度足用，多用此种。现在纽约、砵、费城、波提摩、约克孙城、罗省、三藩市、巴拿马运河及加拿大之海利佛士等埠，皆采用此种者也。第二种，建筑之法，系与河平行，货栈筑于码头之上，亦系与河成一平行直线。船与货栈距离之间，筑有铁路，以直接输运货物。新柯兰士及休士顿等埠，均系采用此种，或以其河身太狭，不宜于采用他种也。那福门取利澳及美洲数大城市，有兼用第一种及第二种者。在输运繁多之大港，不宜采用第二种，因若非港口之岸线特长，其地恐不敷停泊轮船之用。就南京而论，将来若采用第二种码头，两岸之岸线，每岸须长八公里，方足以应需要，若只就一岸建筑，则须长十六公里方可。第三种之码头，多用之于欧洲各港，以日常潮水涨落所差甚巨。第一种与第二种之码头，不能停泊轮船，故筑有水塘，当水退时，即将水塘封锁，藉以保持水平线之常度，以便轮船之停泊，俟潮水涨时，始行开放，使轮船得以出入。有数港同用一水塘者，惟水塘之建筑费及经常费甚巨，非至不得已时，不宜用也。第四种之形式，略如第一种，但第一种系伸出河面，而此种则系将岸边陆地挖去，使码头缩进岸内。此法可不致减少河身之宽度，及不必如第二种之有广袤岸线，而码头不必另筑地基，足以挖河之工费相抵。惟所占堤岸之地独多，在商业繁盛地价高涨之港口，此法不易办到。南京将来所需用之码头，其长度约为五万英尺，预计南京人口，将来约有二百万，内地之由南京以输运货物者，其人口约为一万万，若以码头长度一英尺，足供一百吨重货船之用，则估计南京出入口货额，殆非有码头五万英尺不能足用也。至其码头之建筑，应采上举之第四种方法，盖不特河身岸线，有上述之利益，更可利用岸边之泥土，以填塞各处之地也。计下关自京沪铁路车站至三叉河之南端，约可设置码头三万七千英尺，其不足之数，可在浦口设置。码头应作锐角形，使轮船之停泊与行驶，合于河流之方向。即以在堤岸所挖之泥土，将下关与城垣间一带低地填平，以为敷设铁路路轨及建筑房屋、货仓、储车场等之用。查由货站至工业区之火车路线，适与由下关进城之路线相交，前者由北而南，后者由西而东，当工业区及货站建筑之后，由北而南之火车，必络绎不绝，而下关又属商港，码头、货仓皆在其中，从而进城之货物行人，皆必甚众，一与火车相遇，此路交通即须停顿，而火车经过既频，时时停顿，实有无限之障碍，若架空建筑铁路，费用复繁，故该由北而南之火车路线，自以建于深坑为宜。而惠民河底，适为天然之深坑，自须将河之中部，取而利用，自河之北端起，宜以五百公尺之长度，以为建筑码头之用，以备巨轮之停泊。自河之南端与三汊河交界处起，宜辟一河塘，其长度为六百五十公尺，其宽度为由一百至二百五十公尺，以便就近之输运及民船之趋避风浪。以该河塘之面积，当可备民船遇风时停泊之用而有余也。就现在惠民河之狭度及挤拥情形而论，民船绕三汊河行驶，时间较省，且由惠民河南部运货至两岸之货栈，可代以汽车，故两旁地段，均拟预留为筑路之用。惠民河以西之地，现有水塘多处，至有推广商埠之必要时，亦宜填平，使成为有用之地。惠民河以东，在中山马路与京沪车站间之地，行将成为最繁盛之区域，而在港口工作之职工住所，复可在下关之南部建筑。现在宜即就由和记公司之南而至惠民河之北入口处，建筑码头四座，此初步计划，足敷十五年内之用。在此期间，不必另筑他处。至于因建筑港口而迁让之房屋，可以取偿于新填之地段，而迁让之商店，且可得一较好之位置，各业主亦得较大之利益（见第四十四图）。

至货栈面积之规划，亦以货物之数量而定。若以四十立方英尺为一吨货物平均之体积，货物堆积之高度为六英尺，则所拟码头之面积，当可敷用，而货仓内亦有余地，以便车辆之出入。货仓之高度，以一层为宜。美国各港之货仓，有筑一层或二层者，其一层者往往较两层者为优，盖建筑固可省费，而管理亦较便利也。将来明故宫乘客总站完成后，可以下关现在之客站改为货物总站，凡以火车输运之货物，皆在该处起卸，敷设有货车路线，以直达该处。并建筑货车分类场，使由船上运货至铁路，得较廉省，而大规模之储车场，经有规划，且已预留充分之空地,以备将来各项之需要与发展。至由轮船载运乘客及货物之汽车路,亦已拟定,所经行之路线，系求其避免火车之横贯其间而定者。南京、浦口之间，宜设有火车渡船，以便粤沪之乘客货物，能与北平、天津直接通车，前已言之，此外尚应留有空地，设备搭客轮渡，以便京浦间之交通，凡此皆为计划所及者也。

现在津浦路之轮渡码头，地处下关堤岸之北端，交通不便，宜改设于中山马路之西端，该地往来较便，旅客当实受其益。且堤岸固可免车辆挤拥之弊，而旧有码头之空地，亦可资以发展港口。此举可以不必多费巨款，只需设备驳轮及售票室、休憩室、行李室等地方而已，往来津浦路各站之车票，均宜在该处发售，行李之寄运，亦宜由该处直寄各站。现在货物之输运，系由轮船经过堤岸而至货栈，不特糜费金钱，而交通亦受影响。将来码头筑成后，各轮船之货，得直抵货仓，不必再经堤岸，即可将近江地段，辟为公园，以便市民之休憩，并足以增加本市之美观也。

所有码头货栈之建筑，其在南京方面者，应由政府收回自办，设立机关，以管理一切关于港口之事务，并以各地出租，而资以为利。浦口已计划为重工业之区域，其码头货栈等项，应准商人自行建筑，惟须得政府之许可，以免漫无限制。

综上所论，南京行将成为中国一重要之港口，工商业之发达，殆可操券待。且该港若能依照所定之步骤，逐渐推行，经济当可以独立，因无须政府指拨大宗款项以为补助也。

南京揚子江水道深度圖

第四十二圖

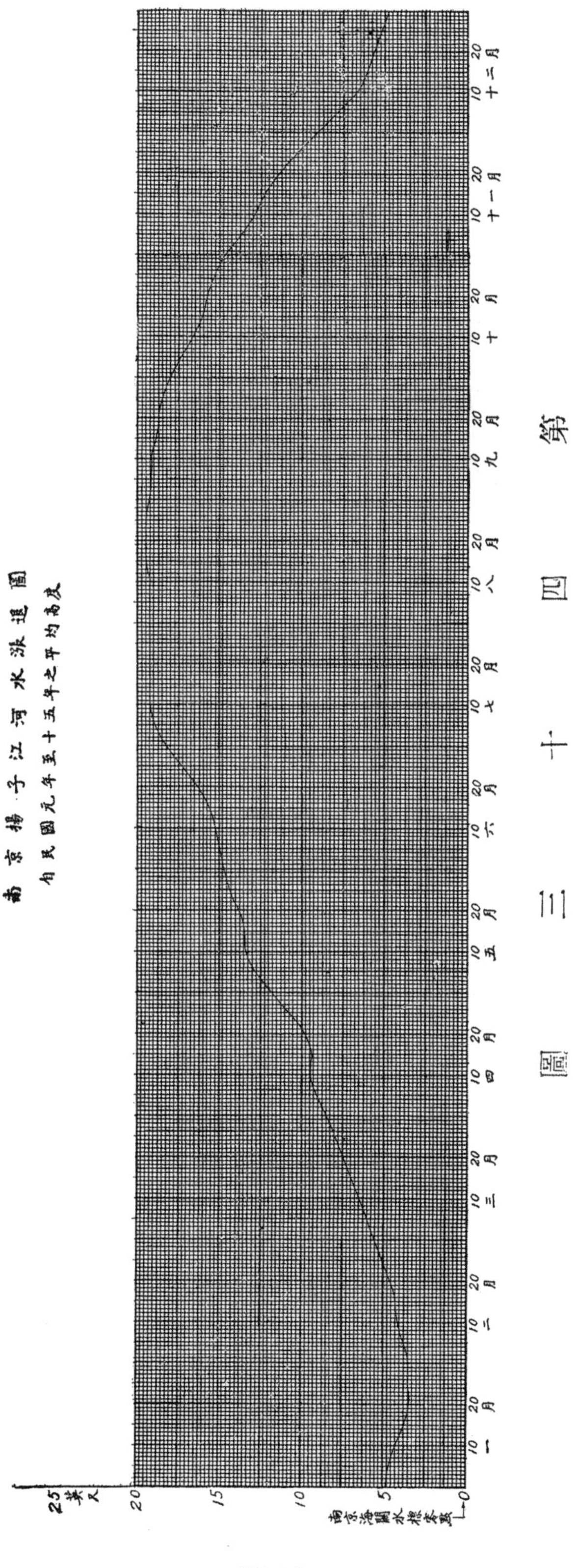
南京揚子江河水漲退圖
自民國元年至十五年之平均高度
第四十三圖
南京海關水標零點
英尺
一月
二月
三月
四月
五月
六月
七月
八月
九月
十月
十一月
十二月

图四十三

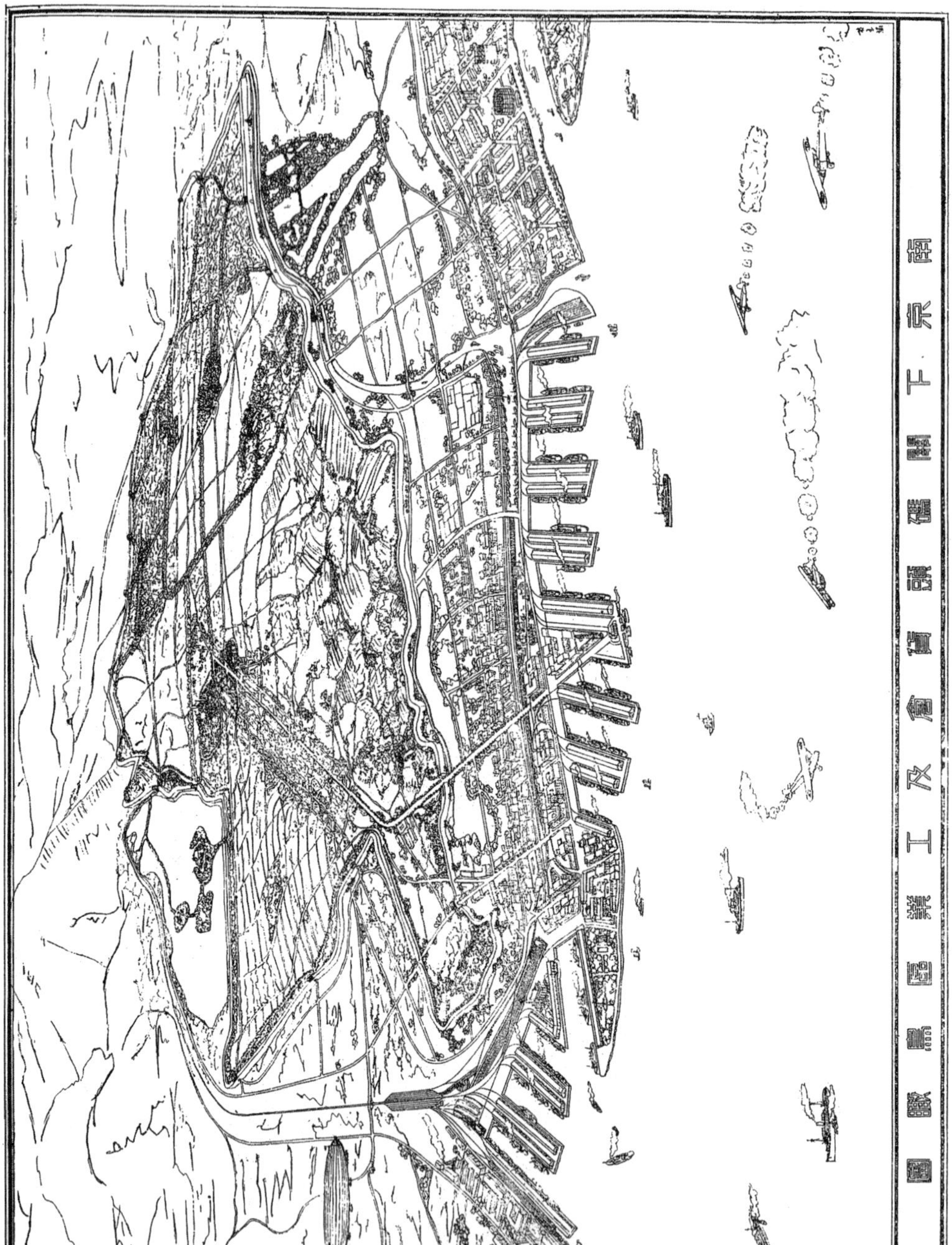

图四十四

飞机场站之位置

火车、汽车发明而后，历三十年之时间，即成为世界上发展商业及分配人口之交通利器，其进展之神速，至可惊异。乃飞机自一千九百零三年第一次飞行成功后，至今日亦占世界交通运输之重要位置，其功用之宏，进展之速，且超火车、汽车而过之。征之最近过去五年中，商业飞机飞行之里数，迥非火车、汽车在发明后同一时期所能及，可为明证。盖就德国而论，一九二三年时，飞机之乘客仅为八千人，乃至一九二八年，其数竟超过十一万人，每年平均之增加率为百分之六十九，而由一九零六年至一九一七年汽车之增加率不过百分之四十三，由一千八百三十五年至一千八百四十一年美国铁路之增加率亦仅为百分之二十二耳。航空事业之发达，概可想见。然各国仍有许多城市，因飞机场太小，或离城市之中心点太远，致影响空间交通之经济及速度者，则方引为憾事，而力图补救者也。我国交通事业，年来已逐渐振兴，航空之进行，最近颇形猛进。盖通都大邑，往来众多，所需于飞机者至大，而西部诸省，铁道、公路，尚形缺乏，虽亟应赶紧兴筑，但完成尚需时日，目前之赖飞机以利交通者，更为急切，实不容稍为忽视也。据本处顾问古力治在美国市政评论报发表之论文，估计美国城市需要飞机场之面积，谓每十万人口应有飞机场二百二十五英亩，虽中美情形不同，我国所需，或远不及此，顾亦不能不保留相当之面积以为之备。南京为国都所在之地，航空事业，不久必将大盛。兹将拟定飞机场站之地点开列如后。此系从南京城内外形势，审慎考察，统筹全局，而加以选择者也。

一、在中央政治区界线外之南地段　此地名红花墟，距离中央政治区南部十分之七公里，距离拟建第一期政府房屋二・五公里，循新拟之道路，距拟建之火车总站不过五公里。其面积宽约一千公尺，长约一千二百公尺，地面平坦，无须填掘。若于此处辟一特别飞机场，即可使政府服务人员，得迅速往来各处之便利，虽有重要任务，亦不相妨。且遇军事时期，亦可供军用飞机就近保护中央政治区房屋及铁路总站之用。

二、夹江东岸地段　此地名皇木场，在夹江之东，水西门之西，近上新河处，面积约一千亩。地势平坦，无须填掘，四周已筑有堤岸。自东北至西南，长约一千三百公尺，与夹江成直角形处，宽约六百公尺。若辟此处为飞机场，无论陆上飞机、水面飞机，均可使用，而尤利便于水面飞机，因水机由停机厂飞升后，沿夹江北驶不须四公里，即可飞达大江江面，极形快便。然该场东部地段，地势略为参差，且芦草丛生，须略施工填平，故俟他日扩展，始将该地一并圈入。若舍此而在长江方面之江心洲建筑飞机场，无论筑堤工程，至不易举，即辟路架桥以达城市，所费已觉不资矣。

三、浦口之临江地段　此地段控制长江，得天然之形势，靠近江边处，最宜于筑一飞机场，且多辟停放飞机厂屋，以备水陆各机之停放。然该处若遇江水高于南京潮水表零度十八尺至二十尺时，所有平地皆为潮水所浸没，故于规划辟用该地为飞机场时，必须预筑堤坝以防之。

此外尚有一地点，系在小营，现为中央军校西部陆军操场。该场西接中央大学校，东连中央陆军学校，北指覆舟山，宽约四百七十五公尺，长约五百五十公尺，面积虽小，然西北部平地尚多，尽可随时扩大。查该场在城市之中心，若辟为飞机场，于首都建筑及商业之发展，固绝无障碍，且以其具有宅中之势，实为世界名都市飞机场所罕有。第收用时，营房固须迁移，而军校之操场，又须另觅他地，街道之统系，亦须详加考虑，目前似尚不宜兴筑，姑录之以备参考耳。

上列各飞机场，如能悉数建筑，其裨益于首都航空事业，实非浅鲜也。

顾考诸最近世界大城市，除飞机场而外，莫不设有飞机总站，其大可容多数飞机同时升降。飞机总站须有停放飞机之场屋、停止汽车处、候机室、办公室、修机场等之设备，其位置以愈近城内为愈佳，但须无碍附近商业之发展，又不能与崇楼峻宇密迩。假定附近有高五十尺之建筑物，则普通商用飞机，须于相距三百五十尺时离地，方能飞越其上，故关于航空总站之建设及地点之选择，不得不加以审慎之考虑也。

以南京形势而论，飞机总站，似以在水西门外西南隅之地段为适宜。该地距南门约三・六公里，距铁路总站约八公里半，距中央政治区约十公里半，全部为旷地。如将全场圈作圆形，其直径可达二千五百公尺，纵送回旋，绰有余裕。然地势略低，若收为飞机总站之用，必须兴工筑堤，以资保障，计筑堤及设备抽水管之费，约需三十七万五千元，而维持费用及利息，每年约需四万五千元。

关于上述南京飞机总站地点之建筑，欲避免工费之种种困难，可用经济建筑法以解决之。其法分述如下：

一、建筑时之程序　如欲建筑此长二千五百公尺直径之圆形总站，宜按照各部分逐渐展筑。该圆形飞机站，可分六期建筑。第一步先在最近城市中心点处，修筑一六十度角之扇形飞机站，其半径长约一千二百五十公尺，于此扇形之中部，将上述停放飞机场屋、修机厂及他项设备分别妥置，升降路最短定为一千零八十公尺，平常载重之飞机，可资舒展。如第一扇形地不敷用时，可于其旁另展筑一扇形地，或自成一单位，或与第一扇形地合为一单位，均无不可。倘将两扇形地合而为一，则将升降路延长之，使通过两扇地，后此可因航空之需要，依次将六十度角之扇形地增加，以底于成。俟圆形站筑就时，一半可全用为出站机场，其余用为入站机场，出站时应背场之中心点而升，入站时应向中心点而下。

二、站内土地之圈用及支配　对于飞机总站之地点，贵乎统筹兼顾，从全部地段上作缜密之整个规划。故所需地段，务须预为保留。现所选择之飞机总站地段，既属旷地，地价尚廉，似宜及早备价，全段收用，否则三数年后，南京因商业发达之趋势，畿内地价，必将乘时腾贵，此时始行收用，殊非得计，故政府宜预为顾及。圈用之后，其非急需之地，可暂辟为简单之公园及其他非永久性之建筑物，或竟将该地出租，招人耕种，既可增总站之点缀，亦可令有用之地不至久于弃置也。至于飞机场则与飞机总站有别，其面积至少须宽、长各六百公尺，如为圆形，其直径须长六百公尺，其最长之方向，须与最流行之风势同一方向。南京冬令风向，大概来自北方或东北，春夏风向来自东方或东北，秋令风向由东方转东北而至北方。是东北乃南京一年内最流行之风向，故飞机场总升降之路，宜向东北。

此外尚有一节，不能不特别注意，凡在两城市间商业航空之主干线上，必须设备飞机意外升降之场。该场需地较少，宽长各约二百五十公尺，已可敷用；如其最长之方向，与最流行之方向相符，则略小亦可足用。但此项飞机意外升降场之距离，最好约距二十公里之遥，即设一处，并须特用电射灯以作标记。

查南京现有之飞机场，在明故宫之西南，面积约宽、长各六百公尺，其建筑虽适合于军用，然地段太小，不敷将来商业飞机航行之用。而该场位置，又与商业区密迩，地价转瞬奇昂，于该场之永久计划及附近之建筑发展，均有妨碍。且再历数年，铁路总站落成后，该场四周，将被房屋包围而成釜底之势；又当南方风向之时，飞机下降，离地必低，横过中山马路，易生危险，故南京现有之飞机场，不能不另觅适宜之地点，从新建筑，以期避免上述种种障碍。而现在之场址，亦可改建为商业之房屋，两全之计，莫善于此矣。

飛機總站逐漸發展之程序圖

比例尺：$\frac{1}{10,000}$

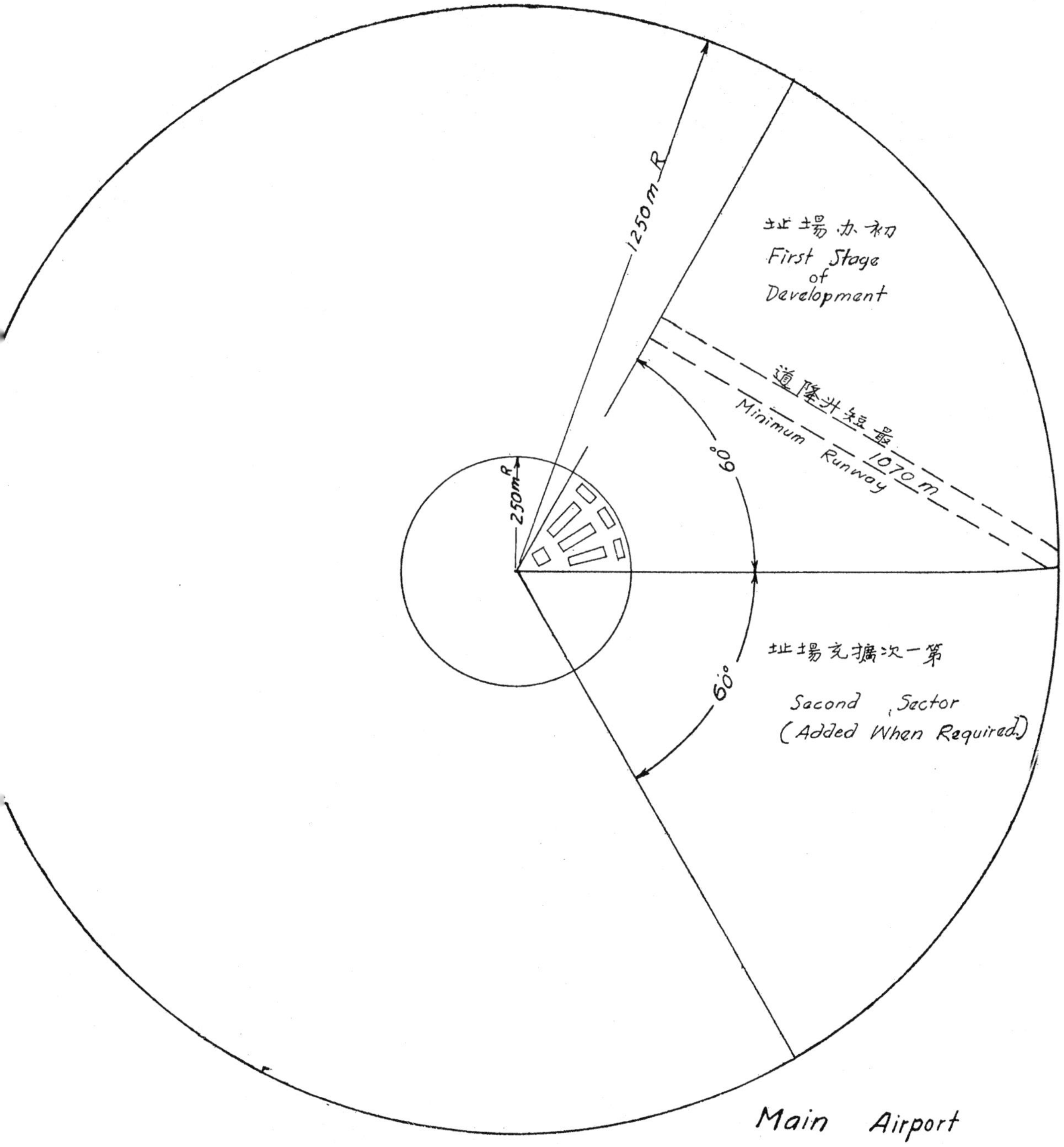

Main Airport showing Progressive Development

Scale: $\frac{1}{10,000}$

第四十五圖

图四十五

自来水计划

南京为国都所在之地，关系重要，各种公用事业，多已举办，惟自来水一项，尚付阙如。查自来水之设备，关系于市民生活者至多，影响于市民健康者至巨，且偶遭火患，更足以应消防之用。而工业发达，利用水力者亦多，故美国纽约市、三藩市等处，不惜费用巨款，以取水源于百余公里之遥，其重要概可想见。现在南京之食水，或取给于水井及水塘，或以水车运取扬子江水，要皆未经滤治，不适于饮。市内之自流井，为数既少，且仍富于矿质，未能尽善。自来水厂之设置，实不容稍缓，顾其中水源之选择，蓄水塘、滤水塘之位置，机器之选购，水管之分布，以及其他各项，均应有详细之研究。兹将所拟具之计划，分列于下。

（一）水源之选择

就调查所得，可以供给多量水料者，有下列数处：三汊河、护城河、太湖及城内各井与扬子江是也。水料之供给，虽有上列各处，惟除扬子江外，其余均不适用。兹分述如次：

一、三汊河与护城河　三汊河与护城河河水之不洁，较之扬子江尤甚。水质之不洁既甚，滤治之手续自繁，因而每年费用于滤治之款项，自亦不少。以扬子江为水源，比较以三汊河及护城河为水源，虽须设之水管较长，惟此项水管设置费之年息，尚不及三汊河及护城河滤治费用之巨。

二、太湖　太湖之水，非不可用，惟距南京一百三十公里，由湖运水至京，实不经济；且湖水之一部来自长江，与江水相较，亦无若何较胜之处。

三、城内各井　城内井水，皆含有矿质甚多，每百万份中，甚至含有五十份可溶化之碱质。浅井之水，更含有多量之有机物。水质既极不良，而设井甚多，方足应用，费用亦巨，故不可用。

四、扬子江　如前所述，扬子江水，实未可云清洁，惟幸该江上游，无若何重大市镇，密迩南京，污浊程度，尚不甚高；且用适量之矾及氯气，去其秽质及有害之微生物，固亦可用；又其地距城不远，各费俱可省节，故自来水水源，以此处为最良。

（二）每日用水估算

南京所需用之水量，估计在此十余年内，每人每日约用十五加伦。此数虽不及欧美城市远甚，惟国人用水习惯，实与欧美人民不同。而将来工业区拟设近江边，故重大工业所用多量之水，又必直接取给于扬子江，不须自来水厂供给。十五加伦之数，当可足用。自来水厂成立后数年间，用自来水者必未普遍，此时以七十万人口每人日用十加伦计算，每日应用水七百万加伦；后此用户日多，渐臻普遍，此时每人每日平均所用，应增至十五加伦，以人口一百万计算，每日所用水量，应为一千五百万加伦。若人口更达百万以外，则此百万以外之人口，必居于郊外及浦口等处，其所用水料，将另有供给，不必现在拟设之水厂供用，因接驳水管，为费甚巨，不若另行取给也。故除所用以预防火患者外，每日供给一千五百万加伦之水量，为南京自来水厂之适宜标准。

（三）水厂地点

扬子江既为最良水源，则取水处自应在江岸地点。查南京扬子江岸各地，其最宜于为取水地点者，莫如江心洲之北，距离洲端约三百公尺之处。盖江心洲地点，既无碍于其他地方之发展，又与现在及将来人口中心点之距离，比之其他江岸地方，均较接近也。至所以必取距离洲端约三百公尺之处者，因该洲接近工业区域，当工业发达时，必有许多工艺废料，抛入夹江，洲端地点，比较位于下流，夹江浊水，不免混入，距之至三百公尺，此弊便可免除。

（四）水之储蓄

自来水厂一经成立，目前之水塘、水井将必渐次废弃，或因种种关系而填塞。为预防抽水机之损坏，自应蓄有多量之水以备用。所蓄之水量，至少以足供三日之需用为限度，以一百万人口每人日用十五加伦计算，当蓄有四千五百万加伦之数，否则水机一有损坏，而所需机件，又须往境外配置，便不免有绝水之虞。且水之储蓄，又不仅预防抽水机之损坏，并须蓄之以备消防之用，此项之储蓄量，应以十条一又八分一英寸大之水喉，有一百磅之压力，能继续开放五小时为标准。上项水喉，每条每分钟约放水三百七十五加伦，总计十条五小时，应有一百一十二万五千加伦之量。

水之当蓄，既如上述。至于储蓄之方法，或设水塘，或设水塔，均无不可。水塘、水塔之作用，不仅在于蓄水一方面，且由水厂直接抽水至各支管，不免有压力高低不齐之弊；又消费最多之时，或不免压力最低，抽出之水，亦有不能供给全市之患。补救此种缺点，又非水塘、水塔不可，盖水塔足以平均压力，而水塘水满之时，其重力随时与抽水机压力相等，塘中之水，得凭地心吸力，流达各支管也。以南京论，水塘宜筑于紫金山之北崖（见第四十六图）。其处殆为一天然之蓄水池，所应加筑者，短土堤二度而已，且欲水力足以供给全城，水之高度，自城中平坦之地面起计，最少须有二百三十英尺之高度，即每方英寸有一百磅之压力。今其地高出城之平坦处七十公尺，其压力恰等于每方英寸一百磅之数，故最为适宜也。至于水塔，则宜建于清凉山顶。

关于水塘、水塔二者，南京究应何所选择，此必待比较而后知。兹将其宜否所在，比较如下：

（1）从适用方面而观察水塔容量，未易超过一百万加伦之数，此量只敷消防之用，如上所述，南京应储有三日之水，为量四千五百万加伦者，自非水塘不办。

（2）从经济方面而观察关于水塘与水塔之建筑费及经常费，曾根据美国工程师之经验，作精细之估计，其比较费用之相差如下表：

水塘、水塔费用比较数目表（以元为单位）

建设费比较	水塘多于水塔之费用	土方	西堤（二三二,〇〇〇立方公尺,每立方公尺〇·三元计算）六九,六〇〇
			东堤（三九，〇〇〇立方公尺，每立方公尺〇·三元计算）一一,七〇〇
		三合土	西堤（一二，〇〇〇立方公尺，每立方公尺二三元计算）二七六，〇〇〇
			东堤（三，〇〇〇立方公尺，每立方公尺二三元计算）六九，〇〇〇
		清地	（水满时水塘周围约二,八五〇公尺长，假定应除去草木之宽度为十五公尺，则总面积约四二,七五〇平方公尺，以每百平方公尺二·七元计算）一,二〇〇
		总水管增多费	（较清凉山水塔应多设一九,七〇〇英尺，每英尺三三·三元计算）六五六，〇〇〇
		总计	一,一二六,五〇〇
	水塔多于水塘之费用	水塔	（假定其容量为一，〇〇〇，〇〇〇加伦）二五，〇〇
		变动速度抽水机增多费	（较固定速度抽水机增多之数）四四，〇〇〇
		总计	二九四，〇〇〇
	比较		（水塘多费之净数）　八三二,五〇〇
经常费用比较	水塘多于水塔之费用	利息增加	（假定多费之利息为上比较增多数八三二,五〇〇元百分之八）六六,六〇〇
	水塔多于水塘之费用	修补费增加	（假定多费之修补费为上比较增多数八三二,五〇〇元百分之三）二五，〇〇〇
		运用费增加	（变动速度机较固定速度机每年多出之费）八〇，〇〇〇
	比较	总计	八〇，〇〇〇
			（水塘比较水塔多费之净数）　一一,六〇〇

据上表，可知建筑水塘之费用比较建筑水塔费用，其建筑时所费之固定资金，实超过八十三万二千五百元，似以建筑水塔为省费。惟建筑水塔，必须采用变动速度抽水机以应逐时不同之用水率。此项机器，较之固定速度抽水机业已增加三倍之价格，且须较大之机厂，较多之职工，其每年应费之电力，又多二百万启罗瓦特[①]小时（Kilowatt Hours），以市价计之，即此一项，每年约多费八万元之数。故结果经常费方面，建筑水塘不过超过一万一千六百元而已，且此系设置母金未

①今译作“千瓦”。

收回时之计算，将来得有赢余，归还母金，以每年所费而计，水塔实处于不利地位也。

综上两点而观，可知从适用方面而言，有不得不采用水塘之势；从经济方面而言，水塘虽暂处于不利地位，而经过若干时间以后，实较采用水塔之利益为多。自来水系一种久远之事业，亦有不能不采用水塘蓄水之方法也。

（五）水塘之筑设

南京既应采用水塘蓄水之方法，此后可言水塘之筑设。经实地详细测量之所得，两堤位置之选择，以第四十六图所示之位置为最优。当水面在等高线一百三十公尺时（此系根据京沪铁路水准原点计算，即高出南京海关水标零上二百七十二又十分八英尺），其容量三万三千六百六十万加伦，建筑所需之土方，约二十七万余立方公尺。兹列表示之如下：

通观上列三表可知水塘之容量，及所需土方之数目矣。此三万三千六百六十万加伦之水量，可供市民二十二日之需用，抽水机如有损坏，亦不感觉不便。又紫金山北崖地质多含粘土，故东、西二堤靠水之面，可筑一比三之坡度，外面可筑一比一又二分一之坡度。土可取之水塘里外之山坡，附近岩石亦富，取用不难，惟取之之法，全藉人工，抑用汽锹，宜详加研究。至于土之载运，可敷设小铁轨，用人力或驴马能推行之四轮车为之。初时土堤不必太高，惟其基底之宽度，须预留地步，以便将来随时增高。两堤均须坚固不渗水，故其中心须筑三合土墙。该墙顶宽一公尺半，坡道一比十，由水厂至水塘之总水管，较之由水厂或清凉山水塔至城内之中心点，约长六公里。此管宜用口径三十六英寸之生铁管，三合土制成者不适用，盖水之压力高至每方英寸百磅时，三合土甚易透水故也；且三合土之配合分量与钢筋之安插，偶不经意，或者所用沙砾不明净时，则所制水管，尤不适用；又由水厂至水塘，地势高低不齐，若用三合土管，接合处亦易破裂也。

拟建紫金山北崖之水塘容量表

$$公式\quad 体积=\frac{5}{6}(A_1+A_2+4Am)【h(立体高度)=5公尺】$$

$$体积=\frac{1}{2}(A_1+A_2)\times h$$

1 立方公尺 =264.17 加伦

等高线	公尺	一〇七・五	一一〇	一一二・五	一一二・五	一一五	一一七・五	一一七・五	一二〇	一二二・五	一二二・五	一二五	一二七・五	一二七・五	一三〇
等高线所圈之面积（平方公尺）		一,八六五	八,五九〇	一七，〇〇〇	一七，〇〇〇	三〇，〇五〇	四四,五〇〇	四四,五〇〇	六〇，七〇〇	七八,五五〇	七八,五五〇	九五,五〇〇	一一一，〇〇〇	一一一，〇〇〇	一二六,八〇〇
容积	立方公尺	四四,三五四			一五一,四一七			三〇四,八七五			四七六,二九二			二九七,二五〇	
	加　伦	一一,七二〇，〇〇〇			四〇，〇〇〇，〇〇〇			八〇，五八〇，〇〇〇			一二五,八〇〇，〇〇〇			七八,五〇〇，〇〇〇	
总容积	立方公尺	四四,三五四			一九五,七七一			五〇〇，六四六			九七六,九三八			一,二七四,一八八	
	加　伦	一一,七二〇，〇〇〇			五一,七二〇，〇〇〇			一三二,三〇〇，〇〇〇			二五八,一〇〇，〇〇〇			三三六,六〇〇，〇〇〇	

西堤所需土方表

等高线	一〇〇～一〇五	一〇五～一〇七・五	一〇七・五～一一二・五	一一二・五～一一七・五	一一七・五～一二二・五	一二二・五～一二七・五	一二七・五～一三二・五
A 纵断面之面积	$\frac{5}{6}$（474+4×3,310+5,920）=16,360	$\frac{1}{2}$（5,920+8,740）×2.5=18,320	四六・二五	四三三・二五	三二一・二五	二〇八・二五	九六・二五
B 中平面之宽度			一〇九・二五	八六・二五	六四・二五	四一・二五	一九・二五
C 中平面之面积			一〇・〇八〇	一一，〇〇〇	九,五七五	七,五一五	三,五八〇
D 中平面之长度 $=\frac{C}{B}$			九二・三	一二六・八	一四九・〇	一八〇・〇	一八六・〇
E 体积（AD）	一六,三六〇	一八,三二五	五〇，四〇〇	五五，〇〇五	四七,八六〇	三七,六〇〇	一七,九〇〇
总体积	二四三,四五〇立方公尺						
三合土中心墙体积	一一,七八五立方公尺						
土　方	二三一,六六五立方公尺						

东堤所需土方表

等高线	一一五～一二〇	一二〇～一二五	一二五～一三〇	一三〇～一三二·五
A 纵断面之面积	$\frac{5}{6}$(887+4 ×2,290+ 3,200) = 11,040	二五五	一四二·五	二九·〇六
B 中平面之宽度		五六·六二五	三四·一二五	一一·六二五
C 中平面之面积		三,五五〇	二,七四三	一,三一一
D 中平面之长度 = $\frac{C}{B}$		六二·七	八〇·四	一一二·七五
E 体积(A×D)	一一，〇四〇	一六，〇〇〇	一一,四六〇	三,二八〇
总体积			四一,七八〇立方公尺	
三合土中心墙体积			二,八二六立方公尺	
土　方			三八,九五四立方公尺	

（六）水管之装置

无论用水塘或水塔以蓄水，其由抽水机驳至之总水管，最好装置二条，以防其一破损。至于分配各街之大水管，如有一部分破坏，须有可以随时截断而仍与他部相通之便利，其法即将附近街道之大水管，互相连成数环形是也。

关于全城支管之分配，应根据目前用户而敷设，每逢新街建筑，即宜埋置水管。至于水管之大小一层，则所有繁盛区域街道之水管，以能供给两旁屋宇之消费为标准。南京各地段将来人口之疏密，须在划分区域以后，始有准确之计算，故在未繁盛之区域，欲确计水管之大小如何，尚有待也。

（七）滤治

扬子江之水质，本处曾托卫生部化验所化验。该项化验，系十八年六月二十三日举行。取水之地点，一在江心洲北端附近之长江中心水面下五英尺处；一在江心洲北端附近夹江水面下十五英尺处。该洲端处居民甚少，两岸多野草，洲上则芦苇丛生，上流附近无工厂，亦无沟渠。其化验之结果，列如下表：

<table>
<tr><th colspan="2">化验种类</th><th>化验事项</th><th>长江水</th><th>夹江水</th></tr>
<tr><td colspan="2" rowspan="7">物理化验</td><td>浑浊</td><td>三十分</td><td>三十分</td></tr>
<tr><td>颜色</td><td>微黄</td><td>微黄</td></tr>
<tr><td>口味</td><td>无</td><td>无</td></tr>
<tr><td>气味</td><td>无</td><td>无</td></tr>
<tr><td>沉淀速度</td><td colspan="2">四小时后显明之沉淀为总沉淀百分之八〇・九；八小时后再沉百分之二・三；余百分之十六・八不易沉落</td></tr>
<tr><td>沉淀泥质</td><td>百分之九八・一三</td><td>百分之九九・七七</td></tr>
<tr><td>沉淀有机物</td><td>百分之一・八七</td><td>百分之〇・二三</td></tr>
<tr><td colspan="2" rowspan="11">化学化验
（百万分中所含之数）</td><td>纯阿母尼亚</td><td>〇・〇四</td><td>〇・〇四</td></tr>
<tr><td>蛋白质阿母尼亚</td><td>〇・一二</td><td>〇・一四</td></tr>
<tr><td>亚硝酸盐之氮</td><td>极少</td><td>极少</td></tr>
<tr><td>硝酸盐之氮</td><td>〇・一六</td><td>〇・一六</td></tr>
<tr><td>氯化物中之氯</td><td>一一・〇〇</td><td>九・〇〇</td></tr>
<tr><td>需要之氧</td><td>三・九〇</td><td>三・五〇</td></tr>
<tr><td>铁</td><td>极少</td><td>极少</td></tr>
<tr><td>其他重体金属</td><td>无</td><td>无</td></tr>
<tr><td>总硬性</td><td>五四・三〇</td><td>五七・一〇</td></tr>
<tr><td>总计固体物质</td><td>三九一</td><td>四三八</td></tr>
<tr><td>浮物</td><td>二一四</td><td>二六二</td></tr>
<tr><td rowspan="7">微生物化验</td><td rowspan="4">在摄氏表温度三十七度经二十四小时之繁殖后一立方公分水中微生物之数目</td><td>未经滤治之水</td><td>二，〇〇〇</td><td>二,四七五</td></tr>
<tr><td>未经滤治之水（一小时后）</td><td>一,四七五</td><td>二，〇〇〇</td></tr>
<tr><td>未经滤治之水（三小时后）</td><td>一,二〇〇</td><td>八〇〇</td></tr>
<tr><td>未经滤治之水（三小时后且经滤纸滤过）</td><td>二〇〇</td><td>三二五</td></tr>
<tr><td rowspan="3">在摄氏表温度三十七度经四十八小时后气出水中微菌之发现</td><td>未经滤治之水</td><td>水在〇・一立方公分之水中可发见</td><td>在〇・一立方公分之水中可发见</td></tr>
<tr><td>未经滤治之水（三小时后）</td><td>在〇・一立方公分之水中可发见</td><td>在〇・一立方公分之水中可发见</td></tr>
<tr><td>未经滤治之水（三小时后且经滤纸滤过）</td><td>在五立方公分之水中可发见</td><td>在五立方公分之水中可发见</td></tr>
</table>

据上表，可知扬子江水质比较夹江水质为优。惟究应用何种滤治方法及几许化学药品，仍须再作下列实验，始可决定：

一、加以分量不同之矾，及相当之碱性物，以比较其沉淀之速度。

二、加以分量不同之铁硫养，及相当之碱性物，以比较其沉淀之速度。

三、未经滤治之水，俟水中物自沉三小时后，用细沙滤之，计其微生物之数目。

四、与第三项同，惟不用细沙而用木炭。

五、参入分量不同之氯于未经滤治之水中，以计其微生物之多寡。

六、与第五项同，惟俟水中物自沉一小时后，始参入氯气。

七、与第五项同，惟俟水中物自沉五小时后，始参入氯气。

八、加以分量不同之矾，及分量不同之氯，一小时后，比较微生物之多寡。

九、与第八项同，惟不用矾而用铁硫养。

关于滤治之方法，其尚待各种试验之结果也如此，以意测之，用机器滤治，当胜于慢沙滤治也。至于用机器滤治，宜先将能致凝结之物如矾、铁硫养等，放入水内，以去其幼微之泥质及浮物，再用氯气以去其微生物，至无碍卫生之度为止。以美国城市之经验证之，流质氯气胜于炭氯养，以其较易与水溶合也。氯气宜在总水管参入，不宜在滤水池内参入。至其在总水管参入之方法，第一，当水质经过化学物调治之后，在近抽水机厂之部分行之；第二，又在近蓄水塘之部分行之，若在取水处参入氯气，俾于未进滤水器之前，减少其中微生物，亦甚有益也。又美国伊利诺省斯不灵非庐市，经长期之实验，乃知先加阿母尼亚，可完全除去水中氯味及其他气味，如加同量之氯于同量之水中，则先加阿母尼亚者较洁，且可仍留氯之沉淀以为除去后来不洁物之用。如欲参入石灰，则必在经过阿母尼亚与氯气调治之后始可。该处实验，系每百万加伦之水中，加以十分七磅之阿母尼亚及六又十分一磅之氯气，其参入地点为取水处之入口。水至城中则一万立方公分中仅含十一个微菌。而在未经滤治之水中，则一百立方公分中有二万一千一百二十二个，在经过用矾再滤之水中，则一百立方公分中有二十二个。

（八）抽水机

蓄水塘应用固定速度之抽水机，蓄水塔应用变动速度之抽水机，已如上述。故关于抽水机之采用，须俟将来实行时决用何种蓄水方法，始可拟定。苟无蓄水塘，普通抽水机最大供力，除防备机件损坏外，应以每小时可供平均用量之二倍为度。欲达此最大供力，须慎选数小变动速度抽水机，与变动速度之大抽水机相连。譬如某站每日用水总量为一千五百万加伦，则抽水机之配置如下[1]：

①原书为“如左”。

一千五百万加伦之抽水机二副。

一千万加伦之抽水机一副。

五百万加伦之抽水机一副。

照此办法，每小时需用自五百万加伦至四千五百万加伦之水量，皆能以廉省方法供给之，但其购置价格及运用费，比之应用于大蓄水塘之抽水机，仍属昂贵也。

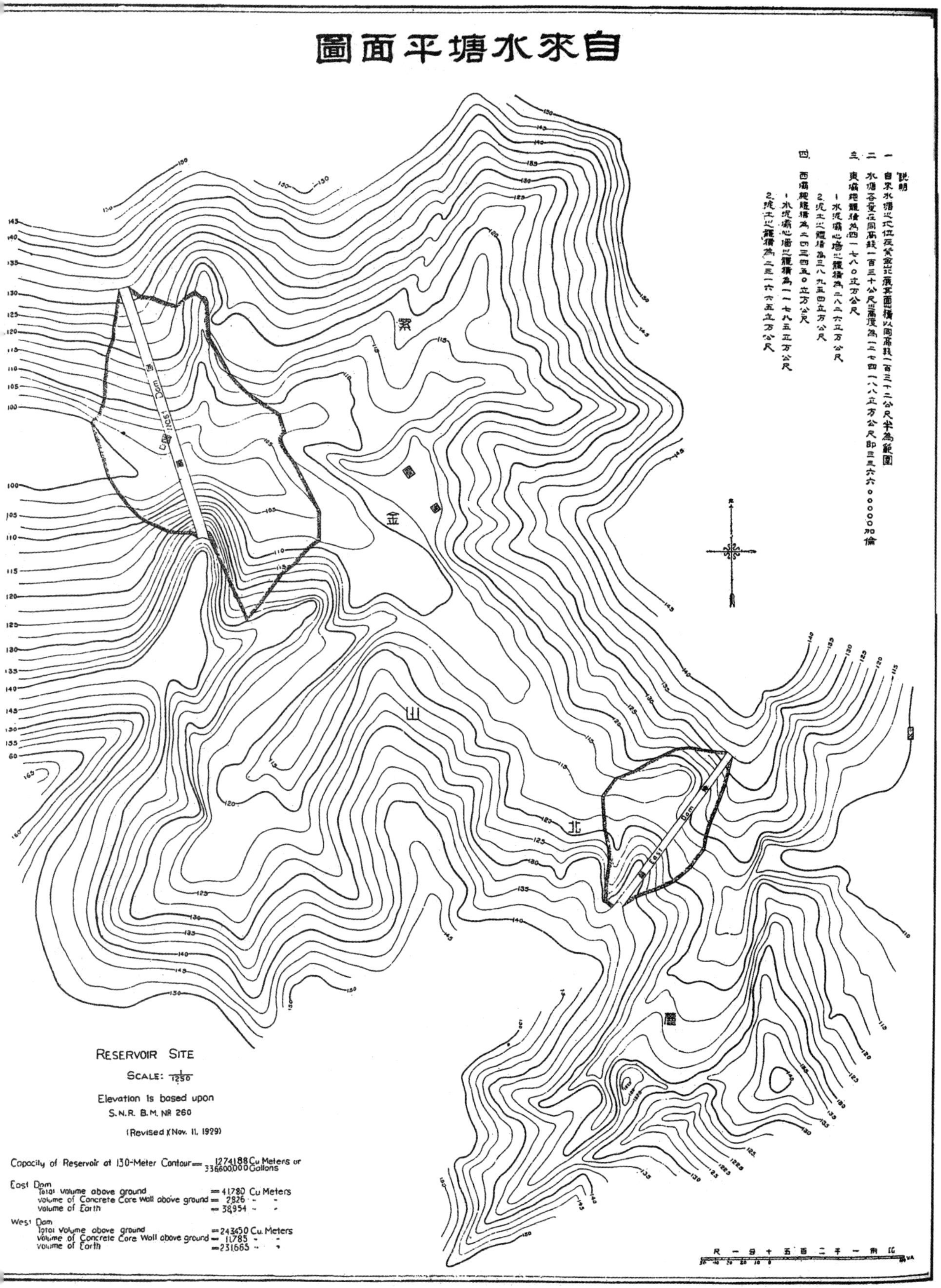
自來水塘平面圖
說明
一 自來水塘之地位在紫金山北鹿其面積以同高線一百三十二公尺半為範圍
二 水塘容量在同高線一百三十公尺之高度為一二七四一八八立方公尺即三三六六〇〇〇〇〇加倫
三 東壩總體積為四一七八〇立方公尺
1 水泥壩心墻之體積為二八二六立方公尺
2 泥土之體積為三八九五四立方公尺
四 西壩總體積為二四三四五〇立方公尺
1 水泥壩心墻之體積為一一七八五立方公尺
2 泥土之體積為二三一六六五立方公尺
紫
金
山
北
麓
West Dam
East Dam
RESERVOIR SITE
SCALE: 1/1250
Elevation is based upon
S.N.R. B.M. Nº 260
(Revised) (Nov. 11, 1929)
Capacity of Reservoir at 130-Meter Contour = 1274188 Cu Meters or 336600000 Gallons
East Dam
Total volume above ground = 41780 Cu Meters
volume of Concrete Core Wall above ground = 2826 - -
volume of Earth = 38954 - -
West Dam
Total volume above ground = 243450 Cu. Meters
volume of Concrete Core Wall above ground = 11785 - -
volume of Earth = 231665 - -

第 四 十 六 圖

电力厂之地址

南京电力厂址之选择，如何始为最良，又应否就下关原址加以展拓，曾经详细研究。以为厂址所在，必与经济、技术、公安三方面原则，深相切合，而后电厂、用户以及一般市民，均蒙其利。否则顾此失彼，暂或尚形便利，久后难免发生窒碍。国都方在建设时期，关于此种建筑物之设置，自应斟酌利害，统筹兼顾，以为一劳永逸之计。电之产生，原以利用水力为最经济，顾欲于距首都二百公里之内，觅一水电厂址，殊不可得，故只得仍藉蒸气。查京内地方，宜于为此种电厂者，其一为江心洲之北端，其一为夹江之东岸（大同面粉公司附近，地点见第四十七图）。两相比较，后者尤胜于前，而现有之下关厂址，则较诸该两处地点，均有未逮。至位于秦淮河岸之电厂，更因其处将成高等商业之区，且沿秦淮河道，又已计划筑为公园之用，绝不适当。兹按切经济、技术、公安三方面原则，分述其理由如次：

（一）关于经济方面者。查除居民用电之中心点外，工业区及自来水厂等处，用电最多，所驳电线，利于短直，故厂址距之不宜过远。盖电线既短且直，则一方耗电较少，电费较廉，实利用户；一方费线较寡，驳线较易，又利电厂也。南京居民中心，无论现在情形，将来趋势，均偏于南，而工业区将来发展，又在三汊河口南部，自来水厂亦拟在江心洲建筑，与此三处之距离，江心洲北端及夹江东岸地，均较近于下关，而相形为利。又电厂用料，以煤炭为大宗，水道输运之便利与否，关系至巨，江心洲及夹江东岸之地，均水深便于输运，凡此皆从经济方面言之者也。

（二）关于技术方面者。查电机热度之减低，务须利用冷水，故厂址所近水道，自以流转迅速为佳，而歧为二流，尤适于用，盖入水管与出水管之装置，不同一流，则放出热水，不致混于吸入者中，致增其热度，电机效力，自不因而减少。南京地方，其两面分临二流，建置电厂以后，得此利用者，又惟江心洲及夹江东岸为然。下关等地，均无此利，故就使用机器技术上之关系言之，上举二地，又其最称适用者也。

（三）关于公安方面者。查高电压总线经过之处，以永无建筑物者为宜，因即有变故发生，而于市民生命之损害，亦可减免不少。南京暴风时起，势又每足吹折电杆，此项原则，尤见重要。以厂址位于下关而论，高压电线必沿中山马路而行，此种电线既系架空安设，未易改向地底装置，而中山马路又属往来孔道，现即未臻若何繁盛，然五年十年而后，情形自不相同，如此架设电线，一有变故，危险实多。若在江心洲北端或夹江东岸，则高压电线可沿所拟城内东西之林荫大道而装设，上述危险，因而减少。又电厂煤烟，随风飘散，倘从各区域下落，亦复大碍卫生。故厂址所在，固不宜迫近城市，尤须位于通常风向之下方。征之中央研究院气象台之报告，南京风向，以东、东北及北之三者为常，电厂自以偏于西南为妙。江心洲北端及夹江东岸，当较下关为宜，此又从公安方面而言之者也。

综上三端，电厂之设，与其位于下关，宁位于江心洲北端或夹江东岸，彰彰明甚。抑预计十年以后，下关厂址，非再事扩展，断不足供本市之需求，而一行扩展，又与港口计划及所拟火车轨道路线两有妨碍，此亦不宜之一端也。惟江心洲北端与夹江东岸相较，后者尤胜于前，前已言之。此中理由，又如下述：其一，江心洲北端，两面略有泥滩，非用人工浚深，即须架一浮桥，汲取离岸颇远之水。夹江东岸，则据海军所制《扬子江水道图》第五幅记载，无此情形。其二，陆路交通，夹江东岸实较江心洲北端为便。且现在马路，已通至三汊河北岸，将来架桥直达厂址，亦非甚难。基于上述两项原因，厂址选择，所以终取夹江东岸地点也。惟是下关厂址，已具规模，骤行迁移，事多不便，故原址尽可照常利用。惟现因扩充所增购之机器，宜在夹江东岸，另建新厂，装置其中；下关方面暂作分厂，一俟溢利足以抵偿损失，再行合并。

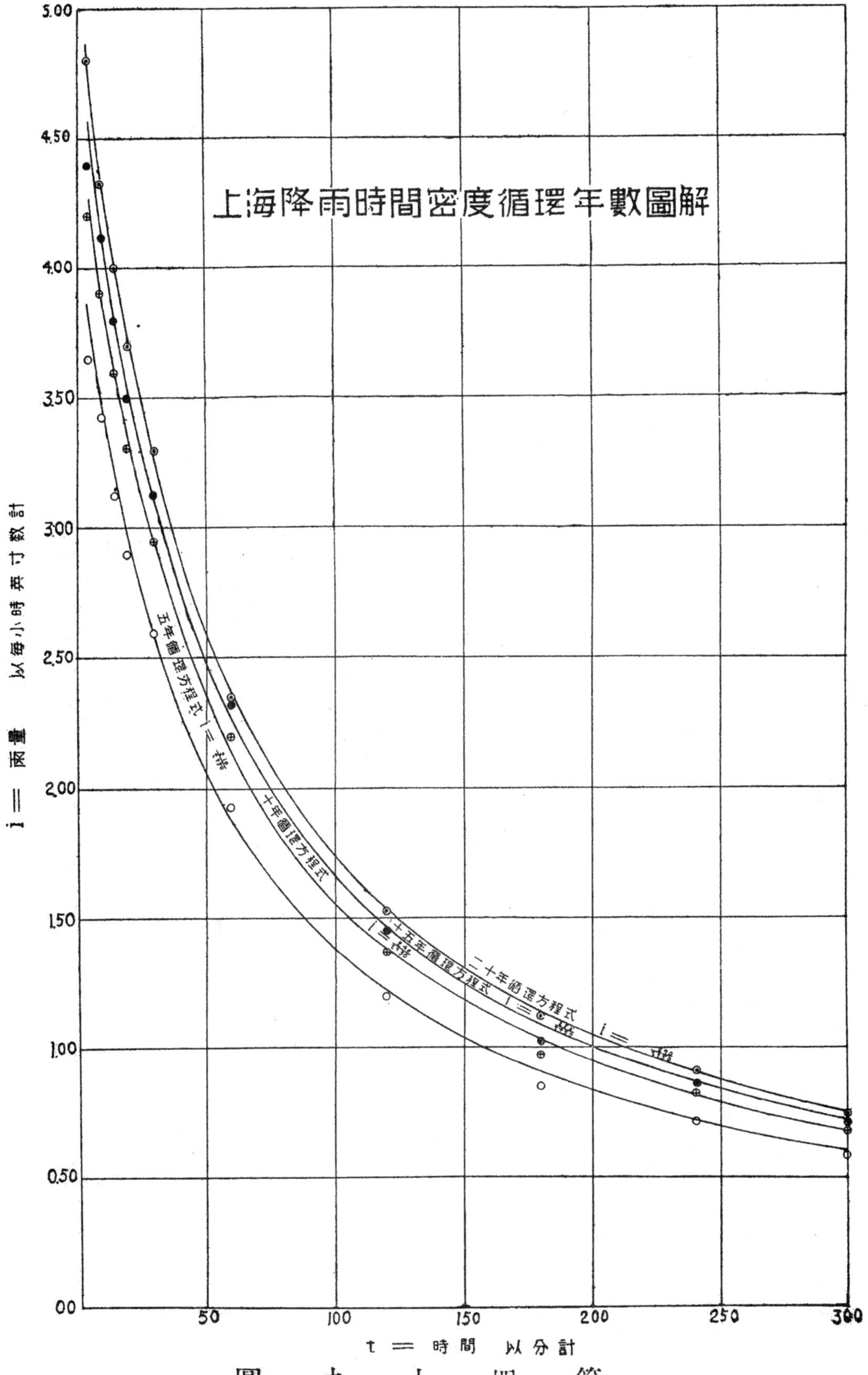
上海降雨時間密度循環年數圖解
5.00
4.50
4.00
3.50
3.00
2.50
2.00
1.50
1.00
0.50
0.0
50
100
150
200
250
300
i = 雨量 以每小時英寸數計
t = 時間 以分計
五年循環方程式
十年循環方程式
十五年循環方程式
二十年循環方程式

第四十九圖

图四十九

渠道计划

渠道为宣泄雨水及污水必需之具，规划稍欠完善，此项雨水、污水，不免停积内地，影响至为重大，故近代都市，莫不注重于渠道之规划。南京城内各地，除西部小山及数处高地而外，地势大率坦平，而泥土又多黏质，泄水作用，极为微薄，每有相距仅六英尺之水池，水面高度，即差至三英尺，土质之缺乏泄水作用，于此可见。城内雨量，据调查所得，平均每年约四十二英寸半，其中间有暴雨，每时雨量达三英寸，其余污水数量，约计亦复不少。雨水、污水，既有此量，土质又缺乏泄水作用，地势复多坦平，关于宣泄方面，非定有完善规划，不足补救。兹将计划大纲，叙述如次。

巨渠或抽水机之选择　宣泄方法有二：其一，设置一兼用抽水机之排水系统，以备宣泄之用；其二，设置巨大渠道，使集中之流质，凭自然之重力排去。两法各有所宜，应按切地势之情形而选择。南京地势，既多坦平，自以采用前法为利，盖巨渠之装设，宜于倾斜之地面，否则排水之自然力不大，设置费用增加不少。以南京计，设置巨渠费之利息及每年维持修理之费用，较之装置抽水机费之利息及每年运用抽水机之费用，超越不少也。南京既须择用抽水机排水方法，其机厂地址，可择近总渠口处以为之。所抽出之雨水，并应注入玄武湖、莫愁湖及秦淮河中，增加其水面之高度。

雨水沟与污水沟之分合　污水如粪料及其他家常日用排出残水等等之宣泄，普通城市多与雨水之宣泄同用一渠，名为联合统系。此种设置，固属简单，然大有不便者在，故雨水沟、污水沟之分设，近日颇为盛行。以南京之情形而论，二者之宣泄，易于分设统系，理由有五：（一）玄武湖、莫愁湖、秦淮河等，水深既时觉不足，排出雨水，自须抽注其中，增其水面高度，倘并将污水注入，污浊立见，上举各地，所用以资娱乐者，作用不免消失。（二）流出之污水，并非不可利用，若经一度之消毒，可作良好之肥料，以供树艺之需用，欲将此项肥料提出利用，二种渠道又须分设。（三）污水既经提出肥料，再施以其他调治之法，所余水质，自较清洁，注入湖河，又可利用。（四）南京现在地方，发达程度不齐，或则尚为空地，或则房宇密比。其在繁盛之区，自当二渠并设，而在空旷之地，暂设污水渠道，便可应其需求，而省却雨水渠道之费用。（五）城内各处，就近皆有湖河，甚便雨水之注入，因而雨水渠道，建筑不如污水渠道之长，可省费用。以上五项，皆为分设之理由，虽平常则分设之费用，定较合设为大，而以南京情形而论，有第四、第五两项原因，所费亦不见多增也。污水沟之口径，比较可以略小，沟道敷设斜度，亦不必甚大，但须有一冲洗箱之系统，与之相联为用耳。

城内雨水宣泄计划之大概　南京每年平均雨量，约为四十二英寸半，其降在陆上者，由旷地卸去之量，约当该项雨量百分之四十五；渗入地下之量，约当百分之十；蒸发及植物吸收之量，约当百分之四十五；其降在水上者，由水面蒸发之量，约当该项雨量百分之八十；渗入河底湖底之量，约当百分之十五。第四十九图所示，乃表明一定时期雨量密度之循环。从表中所列者而观之，可知每十五年后，当有每小时二·八七英寸之雨水下降，历时三十分之久。又可知每五年后，有每小时二·三八英寸之雨水下降，历时三十分之久。关于南京城内之雨水宣泄方法，观察城内地势，参考现有地图，可分南、北二部，再划分为四十泄水区，各顺其势，导入附近之大湖或河道，如雨水宣泄计划略图之所示。城北部分中之由清凉山至北极阁以北者，因乎地势之利便，均使注入城东北之玄武湖。该湖平时水之高度，由半公尺至一公尺半，平均约为一公尺又十分之一。考察湖中各岸，于平时高度而外，可再增入百分七十五公尺高度之水量，而无泛滥之弊。其在西部山下者，应导之出城，注入下关之大塘或护城河内。至于城内南部，均为秦淮河与其支流所及之地，故该部雨水，皆沿各分区渠道，就近而注入之。如上所述，南京间有暴雨，每时雨量达三英寸，惟此类暴雨，并不常有，故此项规划，应以每时二英寸之雨量为标准，盖于实情经济，两相适宜也。

城内污水宣泄计划之大概　所谓污水，系包括下列数者而言：（一）市民用后排出之残水；（二）地下渗入之水（凡自污水管微隙裂痕渗入之水、屋面路面偶从渠眼或进入洞盖孔边缘渗入之水皆属之）；（三）各种器械用后排出之水（凡商业区所建水厕、水动机、升降机等用后之水，工业区工场机器用后排出之水皆属之)。各区性质不同，所排出之污水种类，自不一律。概括而论，住宅区兼有上列（一)、(二)两种，工商业区兼有上列三种，公园、墓地等处，只有第二项一种。关于污水数量之计算，应就消费量之多寡及其他与有关系之事项而定。根据南京之情形，估计其每日排出之数量，如城内人口达至七十二万四千时，应有一万零三百万七千余加伦之数。平均计算，每人约占一百四十余加伦，每英亩约占一万零二百余加伦，每秒钟流过之数量，约一百六十立方英尺。污水管之规划，自应以此为标准，惟污水管之设置，无论如何，价格之增加率，实不如其容量增加率之大，故所设置之水管，不妨以每人日排二百加伦之数，定其管口之大小，盖所增之管价不多，而可备意外发展之需要也。至于排水系统之规划，一如雨水宣泄之划分水区。北部各区渠管流出之污水，使之悉注入玄武湖西岸埋置之截收管中，复由和平门直通至下关和记公司南部之污水处置所。此段渠管之长约为五・二五英里，其间自和平门至处置所之二・八英里，为污水总渠管。南部各区流出之污水，可沿城中河道统系，注入另一环形式截收管中，在水西门处通入总管，再通至位于西南城角西南〇・七四五七英里小河东岸之污水处置所。此段渠管之长约一二・四二英里，其间水西门至处置所之一・七一英里，则为总渠管。关于各项污水处置所之位置，另图绘明（见第二十一图)。凡该项污水渠管之埋藏，可与雨水渠管并列，惟二者须有显明之区别，庶于接驳支管，不致错误。又当雨水初下之时，每挟地面秽质而流，与寻常汛水无异，而尤以人烟稠密之处为甚，故初流入雨水管内之此项污水，应用自动法从适当之接收系统中，转入污水管，使之流至调治处而排泄之。普通处置污水之方法，约有滤治法、沉淀法、酸化法、消毒法等等。南京污水应如何处置，又所提出之固质，应如何利用及消灭，可俟污水化验得有详细结果时，参酌经济情形而定之。

城西低地之特别设置　所拟工业区地，及江东门南部沙洲一带之飞机场，地势较低，宣泄方法应与他处略异。此种低地，有四面筑堤用抽水机排水者，亦有填高地面使高出高度水面之上，而后筑一泄水统系毋须抽水机者。查南京该部地面，约计二・八九方英里，如用填地方法，平均须填高十一英尺，以每立方英码填费二角计算，共需六百五十余万元。倘用筑堤方法，该堤长度，计共四千一百余英尺，约费九万元，抽水机设置费约五十一万元，每年维持费约一万元。两者相较，实以筑堤法为利，故应采用。此项建设，所以避免水患，故所需费用，应完全划归治理土地费用项下也。

实施时应注意之点　设置渠道之前，有应注意之点二：其一，该项渠管，须沿路装置，以便将来修理。新定南京道路系统，有与现有旧道不同者，故所有渠道，应照新定道路系统，沿路装设，否则将来道路变更，所设渠道，或不免转而位于新建房屋之下，修理必难，且非沿路装设，必经过私有土地，非先行获得通过权，无由从事，办理亦难，此应注意者一。其二，南京自来水厂尚未成立，将来宣泄系统之布置，应与自来管之装设同时并举。盖掘开街道一次，两项水管，即可同时装入，不独经费大可减少，抑于交通方面，亦省去无限窒碍，此应注意者二。以上二点，实施时所未容忽略者也。

以上种种，不过宣泄大纲，并非详细计划。南京尚无精密之地图，一一测量，又非短期间之所能及，故关于渠管之斜度、管口之大小，其如何规定，皆尚有待。又关于污水水质之化分，亦未有详细之结果，其处置之方法，此时亦未能确定也。

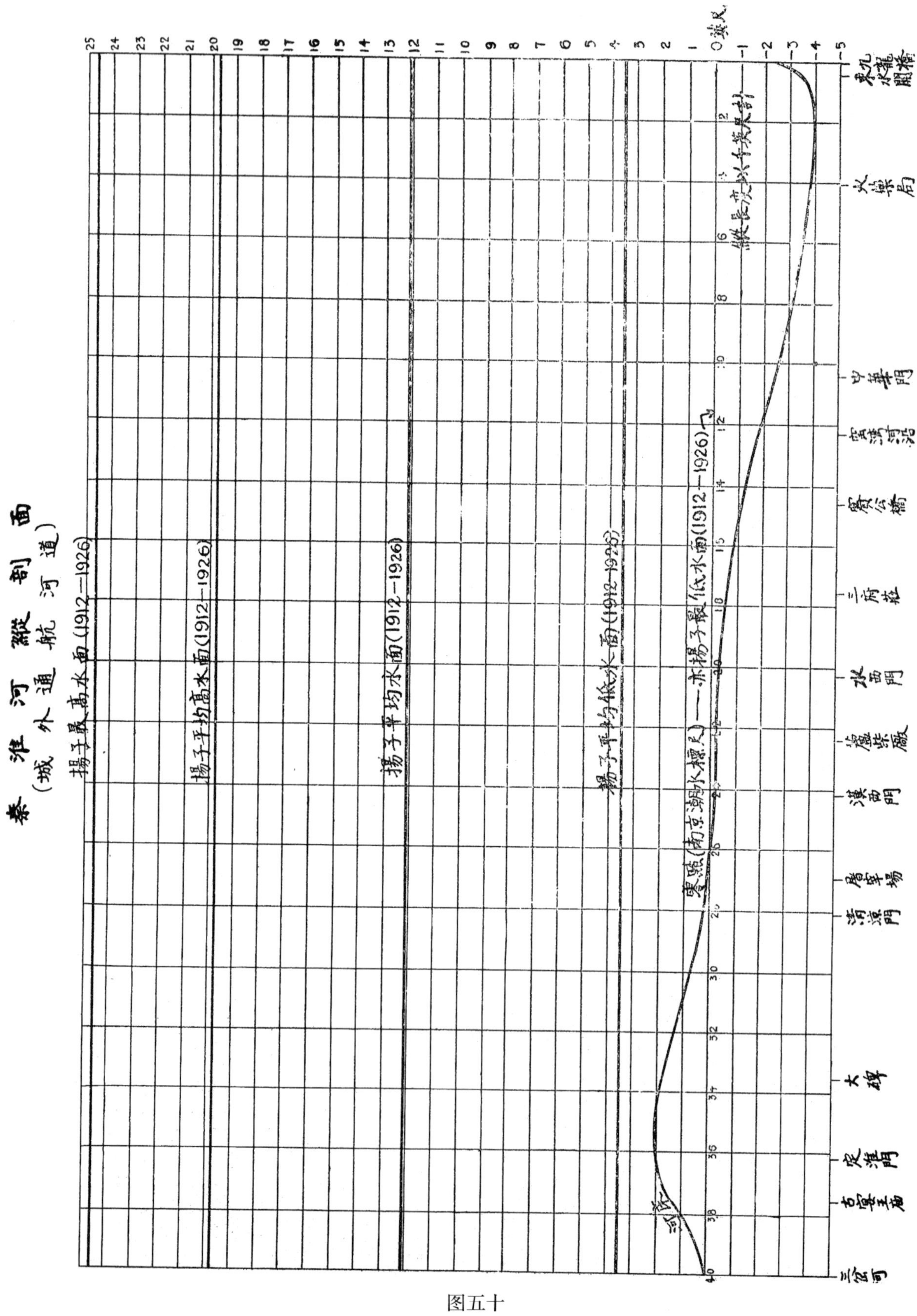
秦淮河縱剖面
(城外通航河道)
揚子最高水面(1912—1926)
揚子平均高水面(1912—1926)
揚子平均水面(1912—1926)
揚子平均低水面(1912—1926)
河底
中華門
水西門
漢西門
清涼門
定淮門

图五十

市内交通之设备

市内交通设备之完善与否，关系于市民之幸福者至大，盖设备若周，则城内各区，无远弗届，不特足以节省时间，而市民之生活，亦必因而改善。据纽约市之调查，其住宅区距可通车辆之路线，在四分之三公里外者，地租特廉，人口特少，足征交通之重要。故南京之设计，关于道路之计划及车辆之设备，务使在国都范围以内，往来便利，居民距可通车辆之路线，无有超过四分之三公里者。至关于交通事业之经营，力求经济，使车费可以定价低廉，贫民得实受其益。又车辆之取缔，应严厉执行，使危险得以减少，而路面亦不致易于损坏。查城市交通车辆之种类，约分地底电车、驾空电车及火车、电车、无轨电车、公共汽车、汽车、马车、人力车等各种，除汽车、马车、人力车外，各项皆关乎公众之利益。兹比较其利害，以为取舍之标准。

地底电车行驶迅速，且弊害甚少，足称便利，第建筑费甚昂。按照欧美情形，如该城市之人口，非超过二百万人者，此项铁路，在经济上不宜设置。就南京现况而论，事实上殆无设置之可能。架空铁路对于两旁之房屋，既有碍其空气与日光，而轮声及尘土，亦足以侵扰附近居民，实足以减损路线内地段之价值，且建筑须在地上多竖架柱，亦有失街道之利用。纽约及波士顿两市，已将此项铁路之一部拆卸，其他部分，市民亦多在倡议拆卸之中。南京不宜重蹈覆辙，亦不必论。

电车、无轨电车、公共汽车三者，利害互见，兹分别详述之。电车之装设，近世最为盛行，其最大之优点，在能载多数之乘客。美国大城市之电车，多有能容九十余人者，故交通之费至廉。但不便之处甚多：(一)行驶时必须循路中之轨道，不能稍差累黍，每当街道挤拥之时，不能越轨而过，延误时刻。(二)路轨所经之处，若遇火患，或在前面行驶之车辆偶有损坏，全部交通势必停顿，常见有多数车辆，排列道中，久塞不通者。（三）悬空电线既碍观瞻，且易发生危险，对于消防效率，尤为阻碍。（四）乘客稀少时，亦须行驶此载重之车辆，无伸缩之余地，耗费电力。（五）市民工作时间，多系在一定之晷刻，当朝出或暮归之时，咸趋乘先至之车，沿路各站，停车较久，且客多量重，行驶较缓，后至之车，不能越前以分载前方各站之乘客。（六）道路宽度不足，或为经济起见，除一定地点敷设双轨外，间多敷设单轨，因而一车偶误时刻，全部因而停滞。（七）轮声隆隆，有碍居民之安息。（八）偶值修理街道之时，不能绕道行驶。电车之利害，约如上述。无轨电车之设置，在美国之城市，实不多觏，惟在欧洲则较为盛行，乘客之容量，不逮于电车，而其不便之处，则约与电车相等。但电车之行驶，不能稍出轨道，而无轨者，则可于遇有障碍时，就悬空电线之所及，咫尺间尚可迁就，此点略较有轨者为优。美国名城，如华盛顿、纽约等处之电车，有将电线藏于地下，就路面筑狭槽以贯连之者。此虽可免悬空线之弊害，然遇意外事故之时，亦受长时间之延阻，且其建筑费及保养费之巨，尤较悬空式为甚。至于公共汽车之设备，虽在电车之后，而现在之盛行，较诸电车，殆过之而无不及。其容量与无轨电车相等，平均每辆约可容三十人，现在欧美城市且有增加至五六十人者；车辆可随时增减，调剂得宜，倘前路发生障碍，复可绕道而行，不为轨道所限制，是于经济、时间，两无所失；又行驶之速度，远较电车为优。现在欧美增设之新路线，皆用以行驶公共汽车，且该项事业，几全为原日之电车公司所经营。其尤足注意者，当电车公司废弃其轨道不用时，虽其原有之架空电线，足供无轨电车之用，而该公司为自身利益计，亦改用汽车，至电车现仍继续行驶之故，实因筑路购车，费款已巨，不愿一旦停止，以致资本无着也。

总上所述，南京交通之设备，应以公共汽车为宜，盖公共汽车较诸电车，不特有以上各优点，而创办之易，亦迥非电车所及。盖电车须敷设路轨及装置电线，为数不赀，就南京而论，虽费数百万元以设备电车，交通恐犹未能尽便，加以路轨之敷设，恒择来往之要津，历长久之筑路时间，交通极形窒碍，实不若费数十万元购置公共汽车，立时即可通行无阻也。此种交通事业之经营，无论其为市办或为民办，采用电车或采用公共汽车，有一共同之点不能或忽者，即如上所言，居民距离可通车辆之路线，不能超过四分之三公里是也。市内路线，既经通盘妥为筹划，随在皆可通车，而车辆之设备，自应依照路线而普及。所有市内之车辆，最好由同一公司办理，庶几乘客稀少之道路，营业纵稍受亏折，亦得藉其他获利之路线，以为弥补，使该处居民，仍得享交通之利便，且修理道路，及调动车辆，皆可从容支配，一方不致影响交通，一方于营业利益，亦无所损。于未设置车辆之先，关于车辆行驶之费用，各路乘客之多寡，沿途车站之分配，停车处、修理处之计划，及其他各种机械之设备，皆应有缜密之研究。此种事业，影响市民生活至大，应由政府设立监督机关，严密查勘，务使其能便利全市人民为主旨。除公共车辆而外，其他出租车辆，如汽车、马车、人力车等，亦应加以严密之取缔，以保公共之安全，而免路面易于损坏。汽车行驶过速，易生危险，速率宜有相当之规定。汽车夫宜加以试验，确胜驾驶之任，方予给照，并应雇用机匠，于一定期间，察验车内之机件，责令修理完善，方准载客。又乘客过多，弹簧不能支持，人数宜加以相当之限制。马车、人力车均以用橡皮轮为宜，而马车尤应设有弹簧，并限制其载运一定之重量。至于出租各种车辆之价目，应为划一之规定，以免较论价值，耗费时间，及预防滥索之弊。

电线及路灯之规划

渠道、水管之筑设，电线、路灯之装置，皆与道路具有连带关系，故当建筑新路，修改旧路，于此数者，同时应有详细之研究，完善之规划。关于渠道、水管两项，另详他项报告之内。兹所及者，惟电线、路灯二项，以下分述之。

（一）电线

南京现有电线，皆系架空安设。该项电线，不免时有危险发生，尤以电杆之装有变压器者为甚，故近代趋势，除沿小巷及郊外住宅附近地方而设者外，一般繁盛区域之电线，大都改在地下装置，不准高悬空际。南京暴风时起，其势每足吹折电杆，故电线之装置，尤有改在地下必要。

此项改装工程，因经济及其他关系，不可不分期进行，宜先定一详细表目，规定每年至少应埋地下之电线里数。所有该年街道建筑表内所定之干路，其中沿路装设之电线，均包括在内。地下电线，即在铺砌路面之前埋置之，如此相辅而行，可较便利。

其次，地下电线之装置，应在行人路内，不应在马路内。盖电线装置而后，常须修理，修理之际，掘开行人路面，较之掘开马路路面，一则费用节省，二则不碍车马往来，三则较易铺回原状故也。又新旧路面衔接之处，极难如前坚实，坚实之需要，马路实较行人路为重，此所以电线应装入行人路内也。

复次，装设电线之确实地点，应有详细之图表与登记，俾日后修理时易于寻觅。许多城市，因事前缺欠此项手续，以后寻觅地线，几将全路挖掘，致耗巨款，南京日后装置，此点亟须注意。

复次，开始装设之前，须布告该处居民，使得同时装设户内分线。又应规定工程竣工一年内，不得因装户内连络分线，将路面加以破坏，以免损失。

复次，伦敦及欧洲各大城市多在地下敷设大管，或建筑隧道，尽将沿路装设之各项线管，如电线、水管等，贮藏其内，一有损坏，工人即可从管道或隧道进入，从事修理，此举不必动及路面，且亦极易寻得损坏所在，故极为便利。不过工程浩大，费用繁多，南京尚难逮此，惟仍应敷设小管，藏贮电线其内，使其损坏所在，容易寻觅，且便修理。

关于装置地线之大略，具如上文所述。此外高压电流之变压器，亦应改设在进人井内，于若干一定地点，各设分站，所有高压电线，引至其内，降低电压，以供用户。现今南京之电气变压器，悉置于人行路旁电杆之上，实具莫大危险，务须从速迁移，市府亦应明令禁止，以保公安也。

无论高压电线、低压干线，凡从繁盛区域经过者，皆须改向地下装置。高压电线，即在未甚繁盛之区域，亦应如此，惟在所拟之林荫大道，及绝未开辟之区域，竖有适宜柱架，可以架设空际。其他低压干线，除繁盛区域而外，如郊外住宅区等，皆可仍前架空安设之法，即商业区之不能即将电线改向地下装置者亦然。惟所有电灯线、电话线，应沿小巷及屋后界线装设，屋内电线之接驳，应在后面，不在前面，以求危险之减少。此法现盛行于美国，南京不便将电线埋藏地内之处，亟应采用。又悬空电线，不得为树木阻碍，故非用高杆使高出树杪。所竖电杆，即应与树木有适当之距离。

（二）路灯

中山马路路灯之装置，现系采用悬空格式，以横线悬挂于马路中线之上。此种悬空式之装置，电灯如能供给充分光线，必致发射闪光，碍及汽车司机者之视线，且易为暴风雨所损坏，故以改在行人路边竖柱装设为宜。所装路灯之发光点至行人路面之距离，因各区性质不同，应略有异。普通而论，在商业区内者，应为四公尺；在住宅区内者，应为三公尺半；在林荫大道者，不得小于五公尺。又路灯之相距，无论如何不得在二十五公尺以外；在干路或商业区路，并应以十八公尺为标准。两旁路灯柱架之竖立，宜参错相间，每灯光度，以二百五十至六百烛光为适宜，其确数视道路之广狭，距离之远近，及每柱装置一灯或两灯而定之，惟在设有纪念物之地点，每柱应装两灯，使较光明。关于柱架之款式，应含有我国艺术，在所附图内绘明之（见第五十一图）。其装置二灯之柱架，亦已在上图绘明之。至于路灯圆罩所用之玻璃，亦须加以研究，使不至减少光线之总度。全部路灯计划，应聘富有经验之灯光工程专家办理，否则难收良效也。

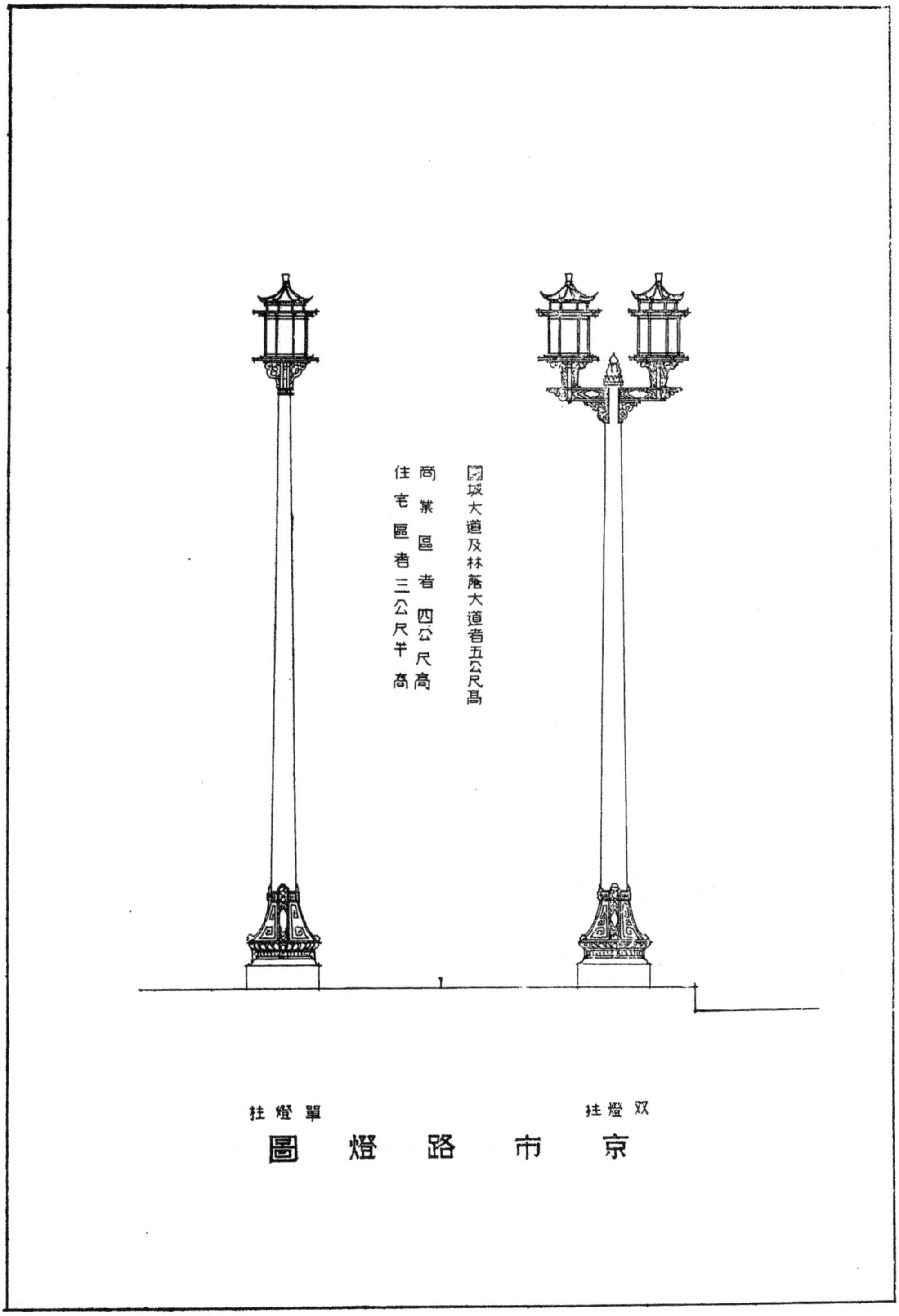

第五十一圖

图五十一

公营住宅之研究

居住为人类生活之大端，生活之大部，实在住宅之内。故住宅之良否，其影响所及，不仅在于生理方面，而经济方面、道德方面乃至种胤方面，亦复直接、间接缘之而发生莫大之变化。惟个人之经济能力有强弱之不同，而弱者每居多数，以生计压迫之故，一部分人之生活，仅可置重于饮食之一端，而此关系甚大之居住，反不能加以相当之顾及，苟免暴露，即无所求，此种现象，都市尤甚。盖都市居住之难，大有过于村乡也。因是之故，居住之问题，遂成为一重要之社会问题，而都市之居住问题，尤为其骨干之所在。论者谓英国都市计划之发生，实导始于住宅问题之待决。可见住宅问题之于都市设计，其重要为何如也。

基于上述之原因，故近今欧美各国之都市，类皆注重公营住宅之政策。该项住宅，即所以供给一般发生居住问题之民众，而助之使得相当之享用者也。关于该项住宅之营建，其经费之所出，国各不同。或由中央负担；或由中央及地方分担；或由慈善机关负担；亦有贷借低利资金于人民，而使之自行营建者；更有于贷借资金之外，又津贴建筑费若干成者。后二者之手续，虽与公营有异，而用意则同。而上举五者之中，要以中央出资、市府营建为普遍，此种住宅，或收回低微之租金，或更免费借住，一视其种种情形之如何而定。总之，求无背于营建之目的而已。南京既建国都，关于此项住宅之问题，自当亟行研究。惟上述公营、自营二者之中，究当何择，不能不取决于其利益大小之如何。比较论之，公营之利益实大，约举如下：

（一）建筑款式，得经详细研究，更合卫生。一般居者身体之康强，工作之能率，皆得较大之效果。

（二）一般不必分别建设之场所，如厕所、浴室等类，可以合并经营，公同使用，省却一部分之建筑费用。

（三）大规模之建筑，工、料、管理等项，皆较省费，所建住宅，可以廉值出租。

（四）建屋既多，可利用郊外尚未繁盛、地价低廉之大幅地段，而免去僻静之虞。

（五）建筑物整齐划一，增加都市美观不少。

（六）地方分配得宜，不致留有零碎无用之地面。

（七）各部住宅同时经营，于都市中之物质建设，不无补助。

从上列各项观之，可见南京此种住宅之建造，自当择用公营之一法，惟南京之慈善机关，数既不多，规模亦小，兼任此项住宅之建造，恐有未能。由此而言，公营之责，更须政府担负，惟由何种政府担负，又应相察财政情形，从长议定也。经营之责任既明，继此可言经营之方法。

在未研究经营方法之先，当知此种住宅，系供给何种居民之住用，盖所供给之居民不同，其经营之方法，亦从而有异也。以南京而论，此种住宅，应供给下列三种之居民。

（一）入息低微之工人。

（二）因筑路拆屋而失所栖止之居民。

（三）政府职工。

公营之住宅，既所以供给上列三种居民之住用，其经营之方法，自应分别而研究之。兹论述如下：

（一）供给入息低微之工人住用者　此种住宅，最居重要，而经营之方法，亦最难臻于完善。该类工人，大率分散各处，不如工厂工人之常集一隅，故住宅之建筑，应择距离适宜、交通较便之地点，而又不能专设于市中之一部，并应遍及各方。以南京论，大抵城南、城西、城中人烟稠密诸区，即其最好地点，此关于地点问题所未能忽视者也。住宅容纳之人数，必有一定之标准，故所建住宅之数目，必须视其现在需要者人数之何如。一方又应估量将来人数增加之情形，以为保留空地之预备。否则所建住宅，非失之过少而挤拥，即失之过多而旷置，种种均有不宜，此又关于数量问题所不能不先行调查估量此类工人之人数也。其在经济方面，该项住宅，筑费务须轻微。普通而论，居住之费用，其所占生活费中之数量，每与入息之多寡为反比例，即入息愈少者所占愈多是也。欧美工人之居住费用，据调查所得，大抵占入息百分之十至二十。中国佣值较微，即以百分二十计算，其所可出之租金，亦复甚少。假定月入三十元，此百分之二十，亦不过六元而已，况居住费占至百分二十，其他生活费用，必须再加节省，而一一再加节省，种种恶劣结果，又必缘之而来。故无论如何，该项住宅之建筑，必须出于最经济之方法，务使所收租值，不必占其入息百分之二十，一方既利租者，一方政府亦不致为过度之津贴也。惟筑费既须低微，住宅又须适用，建筑方法，殆未易言，故当未建筑之前，须有详细之考查与研究。现在晓庄学校所建之房屋，以泥为壁，以芦草为上盖，筑费省约，且适卫生，大可参照其法，从事建造。此外下举之建筑法，亦可参酌择用：（一）地面以压实泥土为之，上铺沥青一层，以免潮湿、积尘诸弊；（二）易生火之建筑物，如木料、芦草等类，以美国发明之避火漆用喷水器厚洒之；（三）墙壁以泥为之，外敷沥青一层，如所施于地面者然；（四）屋顶以锌铁掩盖，上铺厚泥一层，以一种沥青物品涂其上面，或再以锌铁一层盖之；（五）以轻松之三合土质砖块为间格。其以何者为最经济，抑更有其他较经济之方法，皆应详加研究者也。又该项住宅，务须排列成行，不宜分离建造，且洗衣处、厨房、厕所、晒衣处、浴室、儿童游戏场等等，俱宜按切情形，每若干住宅设置一所，公同使用，此亦一省费方法也。其在卫生方面，如所向之方位，所辟之窗户，所占之容量，皆须适宜，否则光线、空气，两不充足，未免有失建造之本旨。普通而论，卧室所向方位，以东、南两者为宜；所辟窗户，宜以住宅面积十分之一为标准；每人所占容积，宜有一立方丈之数量，凡此皆所以求适卫生之道。而上述之厨房、厕所公设，隔离住处，亦与卫生方面有关者也。

（二）供给因拆屋而无家可归之居民住用者　关于辟路而被拆之房屋，或主张由政府为之建回，或主张补偿损失。以恒理言之，后法较为公平，且易办理。盖由前之法，所给房屋，不必即等于所拆，未能公平，一也；所拆房屋，或大或小，或精或陋，一概给回房屋，要求必不一律，争端自多，难于办理，二也；易启市民过分之要求，三也；所给房屋之地点，不必即为所喜，有力另建者，非以之出租于人，即变之以取偿损失，结果与补偿地价无异，四也；旧市辟路，拆屋必多，一一给回房屋，政府财力，未必及此，五也。故给屋方法，必不可行。惟所拆房屋之中，每有甚贫极乏之人，即得补偿，亦绝无另建住宅之能力，对于此等市民，自当视为例外，不得不实行给屋一法。此种住宅之建造，可即如上述供给工人住用者然，或即取上述供给工人住用之住宅为之，亦无不可。惟此种住宅之租金，必不能与工人租住者一律，应视种种情形，或则一概免纳，或则征收更微。至于补偿方法，虽属公平易行，惟当拆屋之初，迁出者未必即有房屋可住，亦宜兼为顾及，最好备有住宅，使可暂行迁入也。

（三）供给政府职工住用者　政府所用职工，为数不少，而多数又非地著之民，南京房屋稀少，不足容纳，结果必致租金昂贵，地方不适，经济、卫生，两有妨害。而在职工方面，又或以来去无定，不愿自建房屋，或以原非富有，不能自建房屋，所住房屋，自应由政府建置。此等房屋之设备，宜分三等，盖政府职工之所入，绝非一律，建造同一住宅，不能各适其需要之程度也。第一、第二两等，设备可较完善，然亦须因乎其出租之能力而为之。第三等大抵供给工人或最低级职员之用，其建造方法，应与上举工人之住宅，无大差别，否则该项职工，必无由获得享用之权利。所有此类住宅，均应收回低微而相当之租金，或采分期付款方法，售归住者，亦无不可。后之一法，澳洲新京已行之，结果盖甚佳也。至关于此项住宅之建筑地点，应以后湖东北及中央政治区东、西、南三面为之。

上述三者而外，尚有工厂工人之住宅，此亦属公营住宅之一类，不过建筑责任，应由所属工厂负之，政府只负提倡指导之责足矣。是项房屋地址，应择下关及三汊河南部诸地附近工厂者为之，其建筑方法，亦当以最省费者为标准也。

所有公营之房屋，其中卫生之设备，除上所曾述者外，余如水之供给，如垃圾之弃置，如儿童游戏场之开辟，如树木之栽植，皆应一一筹及。至于地点所在，其交通之情形如何，又房屋之式样如何，始不失之过陋。建造之前，亦不能不加以计划。至于所收租值，政府既非以营利为期，并应以足抵利息修理费及其他经常费为最高限度也。除公营住宅方法而外，亦有用递增租值之办法，租赁公地于市民，使之自行建屋者，大约每以五年为一期，初期只收极低之租金，亦有完全不收者；次期收回比较略多之租金，然亦不及地价普通利息之数；第三期始照公平地价计算，收取通行利率之租金，此时地价之估算，由评价委员会执行之。此亦补助市民居住之一法，于适宜之情形中，亦可施用也。

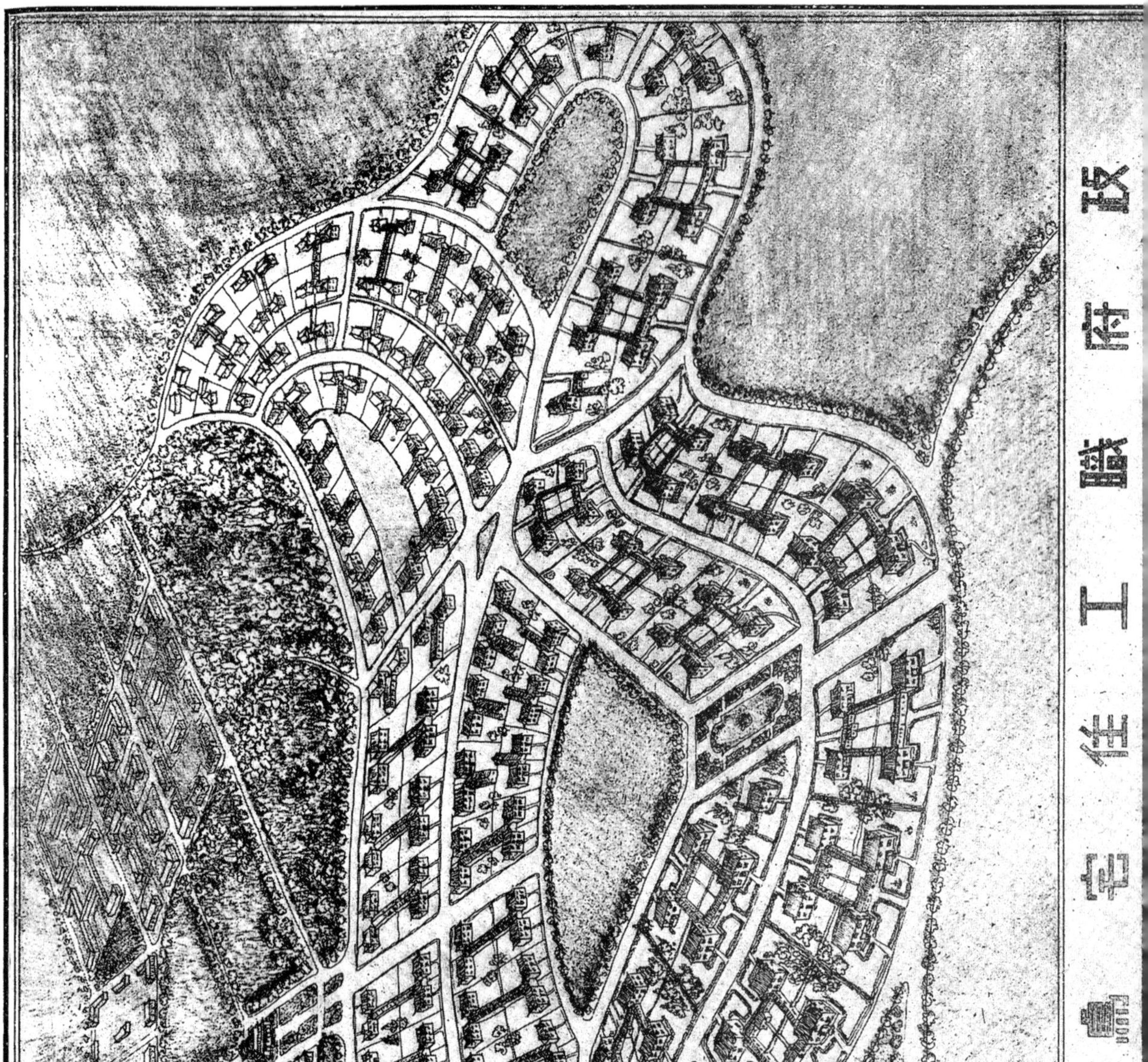

图五十二

洪武西街平民住宅圖

白鷺洲平民住宅圖

第五十三圖

图五十三

关于学校之计划

（一）绪论

学校地点之分布，面积之保留，以及大学区之划分，在在皆与都市有深切之关系。故都市设计所及，关于学校之规划，未能略之。本计划则按切国都之情形而定者也。惟计划之定，必始于调查，得所根据，而后所定计划，乃适于用。故本篇之所述，先及学校之现况，而以所定计划次之。

（二）学校现况

关于南京学校之现况，曾从市教育局调查，而十七年九月份之户口调查，亦不无可据以知其一部之情状。兹将十八年七月份学校数及学生数，分别小学、中学，表列如下[①]：

一、小学校概况表

性质	校数	学生数	学生平均数	学校全数百分比例	学生全数百分比例
公立	三三	九三二〇	二八二	四三·四	七〇·二
私立	二五	二〇八〇	八三	三三·〇	一五·七
教会立	一八	一八六三	一〇四	二三·六	一四·一
合计	七六	一三二六三	一七四	一〇〇·〇	一〇〇·〇

①原书为“如左”。

据上表，可知公立小学校共三十三所，占小学校全数百分四三·四，而其学生数目，计九三二〇人，占小学生全数百分之七〇·二，平均每校得二八二人，其他百分之二九·八小学生数、百分之五六·六小学校数，或属于私人设立之部分，或属于教会设立之部分。以大如南京之城市，公立小学校只有三十三所，学生平均每校又只得二八二人，实为稀少。又据十七年九月份之户口调查，六岁至十二岁之儿童，约占人口总数百分之十〇·四，以当时人口总数四十九万七千五百二十六人计算，约该五万一千七百四十二人。此六至十二岁之年龄，即儿童就学小学之期间，而实际就学者，如上表所载，只有一万三千二百六十三人，仅当儿童总数百分二五·七，全市人口总数百分之二·六七（人口总数，系十七年调查所得；学生人数，系十八年调查所得。时越一年，人口必增多少，百分比例恐尚不及此数）。虽据户口调查报告表所载，似尚有学校十二所，此外又有教会学校一所，皆以非在教育局注册，人数几许，尚未能详，惟以每校学生平均数一七四率之，此学校十三所，至多不过二千余人，合之一万三千余人之数，比较儿童总数，亦不过占其百分之三十耳。可知失学儿童，总居多数也。

性质	校数	学生数	学生平均数	学校全数百分比例	学生全数百分比例
公立	三	五六一	一八七	一六·六	一五·五
私立	八	二一六九	二七一	四四·四	五九·七
教会立	七	九〇四	一二九	三九·〇	二四·八
合计	一八	三六三四	二〇二	一〇〇·〇	一〇〇·〇

二、中学校概况表

据上表，可知中学校共十八所，学生总数三千六百三十四人，每校平均学生二〇二人，私立者校数、学生数，均占最大部分，教会立者皆次之，公立者俱最少，以学生全数与全城人口总数比较，约占百分之〇·七三。就学中学之年龄，普通系在十二与十八岁之间，在此期间之儿童人数与全市人口总数之百分比例，现未能详，但查六至十二岁之百分比例为一〇·四，假定为百分之九，当无甚大出入，以此计算，该年龄之儿童总数，约为四万五千人，而实际就学者计三千六百余人，只居其百分之八。中等教育虽非义务教育，然以此数观之，亦可见其过少也。

此外尚有大学生之人数，大学学生与中小学生不同，不仅不必为市内之居住者，且不必为省内之居住者，盖大学为全国学生就学之所，其学生每包含全国各省之民众也。现查市内历史较久、声誉较著之大学计有数处。中央大学理科有学生二百八十三人，文科三百零一人，法科四百二十一人，教育科二百二十九人，农科七十二人，工科二百三十四人，商科一百一十四人，医科六十七人（商医二科设在上海）。金陵大学预科有七十三人，文理科有二百九十八人，农林科一百六十九人。金陵女子大学共有学生一百六十一人。他如中央军事学校、军官学校，学生人数亦复不少。上列诸校，皆其比较著名者也。此外尚有大学数所，人数略逊之。

（三）关于各种学校之规划

关于学校之规划，其主要目的，在使中小学校之校舍分配得宜，按市内人口之情形酌量设置。或另辟新地，或利用原有公共场所，或选择适宜之地点预行保留，务使儿童就学便易，距离不致过远。至于大学之性质，不仅属于一市。学生人数多寡，一以优劣为衡。其地点所在，倘能使与含有教育文化性质之场所同集一处，固属甚佳，否则分布各区，亦无所碍。惟对于已具规模之大学，设计时宜加意保全，免碍其发展而已。兹亦分别小学、中学、大学三者而论述之。

（甲）小学校

各国对于小学教育，多采强迫制度，凡学龄儿童之父兄，有必送子弟入学之义务。从上面观之，小学校入学儿童，仅占儿童总数百分之二五·七，而加入无法调查各校之估算数目，亦不过其百分之三十，更有切实采用及推行此种制度之必要。惟儿童失学之故，大抵由于家境之困迫，而公立之学校又少，收容学生，为数有限，其他私立各校费用较大，非家境困迫之儿童所得入。故教育当局，非一方多设公立学校，广其容纳，一方对于家庭绝对无力供给之学童，准其免费入学，不足以为儿童失学之救济。兹假定城内人口增加至最高限度数达七十二万四千时，以百分之一〇·四之比例计算，小学学龄儿童，当有七万五千之数；再假定此项儿童有百分之六十五入学，小学生人数将为四万九千人。又据上表所列，现在私立、教会立之小学校，其学生数目，共占小学校学生全数百分之二九·八；兹再依此比例，假定将来私立、教会立各小学，亦共容纳此量，势必有学童三万四千余人，悉待公立小学校之收容。现在公立学校学生总数，仅有九千三百余人，相差尚有二万五千之巨，故非另建新校，并将原有之小学校，各加扩充，不足以应将来学童之需求也。

从美国各城详细考察之结果，每一小学校以能容纳七百人为最适度。盖校地内所包含之各种场所，从最低限度言之，每有一定，而建筑校舍，以能容纳七百人为最经济。少于此数,其建筑之费用,不能比例而减。过于此数,其建筑之费用,又复累进而增。其建筑之费如是，其每年之经常费用亦如是，故此七百人之容量，实经济上最适宜之容量也。南京情形，虽不必全与美同，惟以此七百人之目为标准，将于校舍之建筑及管理，亦必为一经济之办法。据调查所得，南京现在大石桥之实验小学校，中有学生七百余人，此外又有数校，学生逾五百人。可知七百人之标准数，断不能谓之过大。今即以此为标准，则对于将来待收之二万五千学童，倘完全建立新校，为之容纳，须增公共学校三十六所，始可敷用。若并原有公立之小学校三十三所，概扩充至可容七百人之数，则新建学校，可以减少，只建十六所即足。其应采用何法，抑将原有学校或扩充，或不扩充，再从而增减新建之校数，此则须相察情形以为定者也。普通而论，原有之学校三十三所，苟有空地相邻，自以扩充为最经济；惟无此空地者，即亦无从出此耳。关于校舍之扩充或新建，皆不宜自始即以容纳七百人为标准，惟仍须留有足用之空地，以为最后容纳七百人之预备。今假定校舍概建三层楼房，又每学童占三十方呎之面积，此容纳七百人之校舍，计占七千方呎之地面。此外户外运动场之设置，以每学童占五十方呎计算，又须预备三万五千方呎之地面，总而计之，一校所占面积约为四万二千方呎，即略小于六亩也。此系以城内学校计算，其在近郊各处者，可以略为减少。至于每一课室之宽广，以能容纳三十人为最宜，盖每班人数过多，教授之效果不无减损也。

关于学校之分布，须由教育当局与建设机关斟酌情形，公同定夺。普通而论，学童距离校舍，不能超过一英里之路线，至新住宅区发达及现在稠密区域学童递增时，并须按切情形，逐渐扩充旧校或增建新校也。

（乙）中等学校

中等学校之现在情况，上文已详。计其入学学生，只占学龄人数百分之八或占全城人数百分〇・七三。美国各城之中等学生人数，普通占全城人数百分之二至百分之五。我国生计较艰，在此学龄期内之居人，多须顾及家计，故未能即达此量，惟只占全城人数百分之〇・七三之数量，未免仍低。据详审之推测，将来中学校学生数目，当占全城人数百分之一·五，以数计之，即一万一千人也。再据上举之假定，十二岁至十八岁之人数，约占人口总数百分之九，以七十二万四千人计算，约该六万五千人，此一万一千之数，不过其六分之一，即百分之十七，自必不虞过大，现在公立中学学生总数，只占中学学生总数百分之一五·五，既已过少，将来学生人数，又当由学龄人数百分八而增至百分之一七，学龄人数且随人口而增进，故公立中学，非大加增设，无从敷用。从详审之估计，公共中学，当占中学生数百分之四十，其余百分之六十，则为私立及教会立者所容纳，以此而论，公共中学学生数，当有四千四百人，比较现在五百六十一人，实超过三千八百四十之数，中等学校之规划，自当以此为标准也。

中等学校须有大礼堂、试验室、游泳池、大体育堂、饭厅以及其他特别设置。每学生所占之面积，实较小学为多。美国最新式之中学，即核克中学，位于纽约省阿而本尔城内者，定为每生占校室面积一百五十方呎。南京方面，以每生占校舍面积五十至七五方呎计算，殊不为过。至户外运动场面积，最少以每人一百方呎为标准，始为适宜。关于该项学校所应留之地面，又可以其楼之层数，及学生七百人之标准数，为之计算也。

如上所述，将来待收之中等学生，约计三千八百四十人。校舍倘从新建，自应逐渐增加五六所。至其距离学生往来之程限，可定为一英里至一英里半也。

（丙）大学校

外国城市，每将大学校址，聚集一隅，成为教育区域。惟南京方面，现有之中央大学、金陵大学、金陵女子大学，其所占之地段，虽系由东而西，排成横列，原可划成教育区域，不过各校之间，每间以其他业主之土地，且三校皆近鼓楼，鼓楼一带实为交通要津，将来必有许多干路从中通过，欲将三校划成一区，殊有所难。而在另一方面，中央大学与金陵女子大学之距离，超出二公里之上，金陵大学之地段，又为南北向之轴，划成教育区域，幅员必广。中央大学与金陵女子大学，已成自足之区，所占面积，即将来从事扩充，亦复足用而有余，划入之大幅地段，势必用所不及，此亦不能划成教育区域之一重要原因也。故现有之三校，皆在分区图上，划入住宅区内，使其邻近地段，不致移作他业之用，以免熙攘之滋扰，及其他种种障碍，盖亦为适合情势计耳。

综观三校之位置，金陵女子大学附近，现为耕种之田园，该地将来可划为高等住宅之用，故其位置最宜。中央大学北为北极阁公园，其西又将为林荫大道之所过，位置亦复不劣。金陵大学之四周，略为鼓楼公园所掩护，惟其东部一面，将来不免有许多交通干路经过其间，此则地势使然，无可避免者也。中央军事学校距明故宫西北不远，占地甚广，可为永远之校地。

（四）结论

详将上项报告，加以研究，便知学校扩增之要求甚烈，不能与人口之增加为比例，故凡属现在人烟稠密之区，及将来渐渐发展之住宅区域，皆须将现有之学校从事扩大，或另行寻觅校址，以应付此急迫之需要。关于此问题之解决，有最足注意之一点，国都之设计，原有区域之划分，将来中央政治区与市行政区建筑完成后，现在散布城内之各机关，行将悉数迁入，其旧址多公属有，且宽敞足用，稍加修葺，即可成为良好之校舍。倘教育当局先将校址应行分配之地点、各学校需要之面积、各校舍应有之设备，逐一研究，酌量利用各机关旧址以为学校，足省大宗建筑新校之费用，实为一至经济之方法。惟建立学校，并须位于适宜之路旁，否则入校肄业之学生，不免经过干路，其危险实多。又每校必须有相当之空地以为运动场之用，凡此皆所不能不注意者也。

南京中小學校位置圖

第五十四圖

图五十四

工 业

中国现已由农业时期，渐进而入于工业之时期，南京之土地、劳工以及原料之取给，皆无一不适宜于工业，加以铁路将成为全国之中心点，火车纵横四达，海港计划实行而后，轮运之便，复较上海为优，将来不仅为国都所在之地，且将成为工业之中心点，殆可预言。故本京之设计，关于交通输运之规划，分区条例之起草，皆以造成南京为一工业城市之预备。兹将南京交通之情形，原料出产之种类，现有工业之状况，将来宜于企图之程类，及建筑经营之普通费用，分别述之于下。

南京自民国以来，历年均受时局之影响，在民国十四年时，始稍告宁靖。在该年内，轮船之来往，共有一百八十艘，后此各年数目，虽未能详，非有特别障碍，自必递年增进。现有之码头货仓，均欠完备，输运之方法，亦形迟滞，而船舶之往来，犹达此数，将来依照海港计划，码头货仓之在下关、浦口两方面者，皆有最利便、最经济之设备，复筑有火车路线，分达于各码头货仓之地点，以供输运，设备之完善，在长江流域以内，当无有过于此者。后此来往轮舶之增加，固事势所必然者也。若就陆运而论，则南京为全国铁路之中心点，事实更为显然，现在已为京沪及津浦两铁路之终点，将来京粤铁路及由京至南昌之路线完成，交通将益形便利。又现在火车所载之货，运至江北或江南者，必须就各该方面而起卸，将来设有火车渡船，则火车无论停止何方，货物皆得转运于南北两岸。故就交通方面观察，南京实为发展实业最优良之地点。

在长江流域以内，土地肥沃，出产之品物至繁，虽现在科学未精，地利有所未尽，运输未便，贸易未臻发达，而南京出入口货之数量，亦有足述者。据民国十六年海关报告，南京于民国十四年时，由水道以运至国内外各处之国货，共达关平一千九百五十万两。又据京沪铁路管理局之报告，南京每年之商务，约共达三千八百万元。兹就民国十七年京沪路由南京站所输出之物品及吨数，列表于下：

物品	吨数	物品	吨数
茧	二九九四	粉	一五六六
米	一〇一七五八	鸭毛	一三六七
麦	五七七一三	铜	二一〇八
豆	五四五五六	牛皮	二七四五
玉蜀黍	七八一八	骨	一五〇六
花生	七六六二	芝麻油	一五八一
麦皮	五九六四	柿	五五八
蛋	四三八八	菜果	一〇五二
芝麻	三六三四	棉花	二七一六
脂肪	二九三	豆油	二五五
牛	一一六七八	鲜鱼	一四五
豆饼	四五九	蛋黄	四〇〇
瓜菜子	八三八	木料	一四〇
煤	七九六	总计	二七七三五四
五金	六六四		

在同一期间，据津浦铁路之报告，由南京输出之货物共为十二万吨。至各处由火车或船舶输入南京之主要物品为棉纱、布匹、肥皂、洋烛、火油、香烟、糖、豆油、三合土、纸、五金、制造品、木材、菜果等项。

综观上表所列，输出之货物，大抵属于原料，足为工业未兴之证。南京自辟为通商口岸以来，虽历有年所，而工厂之设立，实未多觏。就现在之所调查，其较大者，为下关和记公司之鸡蛋及鸡鸭厂，大同面厂及政府之军械厂、火药厂。南京之冲积土，宜于造砖，故河之两岸，多有设立造砖厂者。此外如棉布、绸缎、天鹅绒、地毡等织造业，所在多有，但皆规模狭小，所雇用之工人，超过七十五人者，为数极少，就其可取给之原料及应有之销场而论，此数诚不足道。今后为市民之生活计，为挽回外溢之利权计，筹办工厂，实不容缓。兹更就适宜于南京之工业而言之。

可在南京发展之工业，种类甚繁，至难缕述，就原料之取给便易而论，纱厂、丝厂、织造厂，鸡、鸭以及肉类之罐头厂，砖瓦厂、烟厂等业，皆为适宜之地点。就供应需求而论，南京设计初成，建筑繁多，宜以就近出产之石灰石为制造士敏土之用，并可于浦口开办铸铁厂以应建筑楼房及铁路之需要。附近各市，现方积极开辟公路，将来需用汽车至多，宜于开设汽车配制厂。又各地现多初设电灯，或扩充电力，电器之用途至广，亦宜于设厂制造。上述各业，仅略涉其梗概，大抵长江流域，可供给之原料，及其可销流之制造品，殆无不宜于南京开办也。

至关于工业之经营，其费用之廉省，南京亦占优势，盖不特地价尚低，而建筑费、运费、工值与燃料，价值之廉，亦多非他处所能及。兹逐项略述于下：

（一）工厂之建筑费，约可照下列数目估算。

用最好之材料，及具最新式设备之办公室，每一立方英尺值三角六分。

用钢筋三合土造成之办公室，每立方呎值二角八分。

用钢筋三合土造成之货栈，每立方呎值二角。

普通用砖瓦造成之商店，每立方呎值一角五分。

普通士敏三合土之价值，每一立方码约为十三元；钢筋三合土之价值，每立方码约为三十八元；普通之土方工程，每方约为八角至一元（即三角至三角七分一立方码）。如不需长途之输运，泥土堤坝之建筑费，每方约需七角（即二角六分一立方码）。

（二）运输之价值。各江轮因货物之种类而殊异，且各航业公司关于运费之多寡，从无划一之规定，不能据以为标准。惟京沪铁路之运费，则可得而详述。该路分货物为六等，如珠宝、绸缎、美术品等为第一等；机器、化装品、纸制品等为第二等；毛毡品、糖类、油类等为第三等；普通瓦器、粗竹器、鲜牛羊肉等为第四等；牲骨、牲血液、破玻璃、鲜牛乳等为第五等；天然冰、灰烬、普通砖瓦及火砖、火瓦等为第六等。此外特别贵重之物品，或含有危险性质之货物，另有规定。货物重量之单位，分为三种：（1）以五十公斤为单位；（2）以一公吨为单位；（3）以公吨为单位。而以全车运输者，由二十公里起，大概路程增三倍时，运费约增一倍。如某类之货物，运至四十公里路程之远，其运费为五角，则运至一百二十公里时，运费当为一元。兹将一百公里之货价，列表于下，此外价目，即可由此而类推也。

京沪路一百公里货价表（以元为单位）

单　位	一等	二等	三等	四等	五等	六等
以五十公斤为单位	○·六一	○·四一	○·二四	○·一五	○·一一	○·○九
以一公吨为单位	六·三七	四·二四	二·五八	一·六二	一·二○	○·九五
以一公吨为单位作全车计算	二·四五	一·六三	一·一二	○·八五	○·八○	○·六八

（三）劳工之价值，现在每日约为由四角至六角。其具有专门技术者，每日约为一元。市内失业之人民，为数不少，设立工厂，一方固可以谋救济，一方复可无劳工缺乏之虞。又附近乡民，谋生不易，必多愿在工厂作工，尤可免供不应求之弊。政府最近所颁布之劳动法，对于劳资两方之利益，皆有相当之保障，关于工人纠纷问题，当亦无所顾虑也。

（四）关于燃料之价值，南京亦颇相宜。倘用电力，则现在下关所供给住户之电，每千瓦小时为一角，若用电较多，价可递减，而以减至五分为最低限度。将来出电愈多，管理费较少，此最低限度之价，当可再减。至煤炭之来源，亦取求甚便，鲁省所出之煤，可由火车载运；开滦及抚顺所出之煤，又可由水道运至，价值颇为廉省。

根据本处所拟之分区条例及图案，工业区之地点，经已规定。其在江南方面者，除下关外，另将下关以南由夹江至城墙一带土地划入。该地低而平，多已筑有堤坝，以防水患。水运有夹江、秦淮河可通，陆运则与所拟往南昌、广州等铁路及现有各铁路相接，将来更可多筑支路，以分达于该地之各处。其在江北方面者，浦口车站之南部及北部各地，均已预留为笨重工业之地点，其含有毒质或危险性质之工厂，及不宜于在下关与南京城内经营之工业，皆得在浦口发展。关于工业区街道之计划，已预留有广大之段落，以便建筑工厂，间有不划分段落之大小，以备业主经当局之许可，得自由分配各土地者。所拟工业区之各地点，类皆地价廉贱，地税亦极公平，除建造工厂外，且可有余地以建造工人房屋，此项房屋之材料，以泥土或茅草为之，亦分区条例所许者也。

综上所述，南京原料之多，运输之便，销场之广，地价之廉，经营之便易，在在皆宜于工业之企图。将来工厂林立，百业繁兴，固可于今日预卜之也。

浦口计划

浦口位于津浦铁路之终点，将来复有火车渡船，与江南之铁路联络。而轮舶往来，又称便利，且现在地广人稀，未臻繁盛，倘能及时利用，辟为重大而含有滋扰性质之工业区，以辅助南京之发展。并于工厂附近，多建工人房屋，则土地之利用，不失其宜。而该处工业之发达，亦可操券以待。盖土地租值之廉，货物输运之便，在国都界线以内，殆无有过之者。该处宜于建立工厂，以为制炼钢铁、水泥、糖、油、皮革等之用，及建筑其他贮存谷米、材木、火油等之货仓。所拟该处之道路及火车计划，均于图中志明（见第五十五图）。国内之大企业家，诚欲投资创办实业，当公认此为一绝好之地点也。

浦口之人数，现在有二万余人，估计将来当可达十七万五千之数，第仍有无限之空地，足供扩展之用。设计时有须注意者，则除现在津浦车站及铁路路基与附近车站之少数商店而外，当夏季时，由江岸而至山麓，全境均为水所淹没，非填高地基，或建筑堤坝，不能取以为用。而填筑之款，所费颇巨也。

关于浦口输运之改良，亦经有详细之研究，以为应分期建筑与堤岸平行之码头达至九公里长为度。沿扬子江岸旁，现在已筑有码头数座，将来应增至长二公里，其余之七公里则分筑于两河之岸旁。一为拟辟之十公尺深、河底一百公尺宽之运河，由津浦铁路车场之东北而直达长江；一为现有直通浦镇之运河，该河自扬子江起，所经过约一千八百公尺之地，拟浚深其河床并加增其宽度以为用。而由该两河所挖出之泥，又足以填高埠内适用之地段，藉免水患之侵害。是则与堤岸平行式之码头，其不适用于南京方面者，得以最经济之方法而建筑于浦口。至于码头之上，或建货仓，或设堆栈，一以因应需要以为定，码头之前面，概与铁路相连接，则已在规划中者也。

关于浦口方面铁路之计划，拟建筑支路环经各工厂之间，以便各工厂得以全车货物驶达火车站或火车渡船，而转运至长江南北有铁路所达之城市乡村。如是则货物之起卸便易，复可以节省时间，而减少货物之利息。又应设备车辆分类场，使车辆之来往，得有妥捷之进行，且无碍津浦铁路之工作。输出之货，其货车得随时由码头或工厂驶至停车场，然后分别由各铁路转运；输入之货，亦得由停车场而分别转运至码头或工厂，运输甚形利便，而运费亦可节省也。至于浦口街道之系统，亦已拟有具体之计划，将来浦口市政管理处拟设于本埠之中心点，并求其便于工业区之来往。现在津浦路之客站，将来拟改为货站，而该路及市内铁路之办事处，即附设于内。所拟之新客站，建于旧客站之西北，附近现在之元庆里一带，由新客站筑一开合桥与市区相连，俾巨大之船舶，驶经该处时，得将该桥高举，通行无阻。复筑一天桥经现在之车站南下，而达商港及工业区之北部。新乘客站之地点，应在火车渡船之码头附近，由火车渡船来往南京之车，皆可在彼处停止，不必费款多建车路。城市计划，以谋街道之交通便利为要图，故所规划之干路，多取对角线方向，妥为分配，使与次要道路及住宅区之街道相连接。此外更拟有南北向之路线，其地段之长度约为三百公尺，至其街道之宽度，则以适用于南京者为标准，两路以上之交叉点，亦已悉数避免。市区内之街道系统，与市区外之公路相连，故市内之繁盛区域与浦镇及近郊区域之交通，颇形利便。铁路之路线，不宜横过市内之道路，故所规划之干道，无与铁路相交者，惟市内有数处地点为市内环绕工厂之铁路所经过，此则无法避免者也。

现在中国各种实业，皆待振兴，而浦口实为一极好之工业地点。计划完成后，中外商人自必乐于投资于该地。在未开辟之前，政府宜专立机关，主理其事，俾得与资本家妥为接洽，酌量分配各工厂之地点，并切实奖勉，使底于成。倡导有人，继之而起者自必日众，其发展之速，有不期其然而然者。惟有足注意之点，若先从事于浦口方面之发展，而置发展南京方面于后，则船舶之往来，皆在江北停泊。在最近之将来，南京之商务，尚未充分发达，人民为生计关系，不特附近乡落之居民，多到浦口谋生，即南京方面之市民，亦多迁居于该处，实足以阻碍南京之发展。且即就浦口本身利益计，无下关商港以辅助之，亦不易臻于繁盛。故宜于未开辟浦口之先，在下关方面建筑码头一二座，使江南、江北两方，得以平衡发展。至关于码头之建筑，及货仓、堆栈之设备，当另于港口报告中详述之。

城市设计及分区授权法草案

此为中央政府对于市政府进行设计之授权法草案，用备规定时采用之资。凡关于详细市政计划之拟订，土地分段之管理，收用土地之程序，市内分区条例之通过，市政府皆应根据授权法而订立。规定此授权法之意义，在使全国城市之市政条例，其形式与范围，皆有整齐划一之现象。凡授权法之不由中央规定者，各市所订法则，每易陷于纷歧庞杂之病。美国即已如此，其划分区域之权限，原不属于中央，而属于各省，故四十八省中，其已订有授权法者，所订之法，大抵各不相同，而城市所受之权限，亦因而互异，统系不立，纷淆特甚，其国中之法律名家，鉴于补救之必要，故近有授权法标准之制订。我国此时，若不径由中央规定，将求全国之一致，殆必甚难，斯则拟订此草案之本意也。

顾欲达全国一致之目的，所定之法，不能徒列授与市政府之权限，关于该权限之意义，及其施行之方法，并须详加解释与说明，且须附以相当之限制，否则意义不明，范围含混，各市本之而订立各法，仍不免于参差纷乱。惟此之所谓一致，非谓各市所适用之各法，皆有同一之条文，第谓其所根据之原理，及其根本之目的，不致互歧耳。

后所拟定之草案，包含重新分划地段之请求法及土地收用法、逾额土地收用法、分区收用法等项，先明所定授与市政府之权限，再说明施行此权限之方法，大抵参照美国授权标准法而订。盖该法之在中国，素所未备，实有参照外国已成者之必要。惟各国之国情不同，自不能悉数移用，故其中之不适用者，则斟酌而修改之。标准法之所未备者，亦审度而增益之，务使其形式与精神，足以适应中国之情势。此如私人房屋建筑之形式，其在美国，政府不得加以限制，而此则列有专条，凡建筑屋宇之图样，概须经主管机关之核准，即其例也。我国将来授权法之订立，藉此以为参考之助，或亦不无少补耳。谨拟如后。

第一条　本法以增进市民之幸福为主旨。

第二条　各市应组织一设计委员会，委员由市长委任，但须经市立法机关（即市政委员会、市参事会等）之同意。该会委员为五人，其任期分为一年、二年、三年、四年、五年，每期一人，逐年遴补。各委员之薪俸及委员会之预算，由该市立法机关规定。

第三条　设计委员会应于各委员中，互选一人为该会主席，主理会议并其他会务进行事项。

第四条　如因特别事故，市长及市立法机关，均得将设计委员更调，但须双方同意。

第五条　设计委员会应设定全市计划及制定本市地图，呈请市立法机关审核，如市立法机关于计划未正式通过前有所更改，须先令设计委员会复议。

第六条　设计委员会应拟定分区章程及分区地图，并规定取缔建筑物之高度、层数、面积、外观、应留空地及人口密度等条例，呈请市立法机关审核。如立法机关欲有所修改，须先令该委员会复议。

第七条　设计委员会之设计，应注意于道路、运输、公园、自来水、渠道等项之改良，且求便于市府之设施。如认所订之章程条例有增修之必要时，得胪列理由，呈由立法机关以四分三之同意，将该计划增修之。

第八条　设计委员会对于各区之性质，及其适合之用途，须特别注意，并须注意于保全房屋之价值，及鼓励市内各地产之适当用法。

第九条　设计委员会于未将全市计划、市图及分区条例呈请审核以前，须先将各项设计纲领具报。立法机关于未接受该委员会最后呈报时，不必处理之。

第十条　设计委员会得雇用熟谙城市计划总工程师一名，使之计划一切，并制定市图及分区法，工程师对于其他事项，得随时提出意见。

第十一条　设计委员会得设置工程师秘书等职员，并得支付正常用度，惟不能超过于立法机关所定之预算。

第十二条　设计委员会对于新定街道之新辟地段，得分别准许，或酌量修改。无论准许与否，均须将理由详细记载。其准辟之地，并须发给准许证书为据。

第十三条　新辟地段，经设计委员会准许后，该会须即改将该地段载入市图。如委员会于接收该项请求辟地呈文三十日后不予批示，即可认为照准，该地段立须加入市图，如经请求，得由市政府发照，将该委员会延不批示事由叙明照内，此照即与准许证书生同样效力。

第十四条　如准辟一地段，同时须将已有或拟定之干道或公路路线更改，则设计委员会不得判定，须将请求呈文，附以该会意见书，转请立法机关核夺。如干道或公路之路线有所修改，须载明于市图内。

第十五条　设计委员会于未准许已有街道之新辟地段前，须体察情形，限令在该地段内建筑公园，以为游憩之用，惟该公园之面积不必超过于该地段总面积十分之一。

第十六条　凡呈请核准之各地段，须声叙该地段邻近街道与之关系及利用该地之计划，而委员会核准该地段时，须令与邻近之街道成为整齐之统系及有充分之宽度，而其使用之性质，尤须与该区相符。

第十七条　设计委员会于核准一地段时，须证明该地段系合于所定之分区条例，否则须呈请立法机关，将在该地段之分区条例，在市图上酌量修改。

第十八条　市图制定后，市工务局长对于任何建筑物盖造在市图所载现有及拟定之街道上者，不得发给执照。惟经设计委员会认为特别情形准作临时之建筑物者，不在此例。此种临时建筑物执照之发给，须以不致增加辟道费用及不变更市图为限。设计委员会并得于不碍市政设施范围内，规定合宜之发照条例。

第十九条　市图制定后，不得在未列入该图内之街道，敷设公众事业，如渠道、水管等项。又所有建筑地点，如非有已载入市图内之街道可以到达者，市工务局不得发给执照。惟若有特别情形，该建筑物不必与现有或将来之街道相连属者，该领照人不服工务局之判决，得上诉于设计委员会，呈请发给执照。该委员会得分别核准，但对于将来街道之系统，必须顾及。

第二十条　凡有在工务局请领建筑执照者，设计委员会须派该会委员二人，审查其建筑图样。对于该图样外观之形式，及所在街道各建筑物之性质，须查明其是否适合。如认为不合时，须将图样转呈委员会核夺，委员会得分别准许，或饬令改正，再行呈核。如已遵照指示更改，须即准许之。

第二十一条　分区法得由工务局长执行，所有建筑执照，须呈向工务局领取。

第二十二条　设计委员会得审理经工务局长判决之上诉案件。惟如此推翻工务局所定之案，或根据所定之条例变通办理，须得该委员会四人以上之同意；至于其他事项，得过半数同意便可。凡受损害者，无论其为个人，抑为机关，皆得向该委员会呈诉。

第二十三条　凡上诉案件，关于该案之进行，办理宜完全停顿。如由工务局长用书面证明，若将该案停顿，能立即发生生命财产之危险，则不在此例。但设计委员会仍可根据当事人之请求，饬令停止进行。

第二十四条　设计委员会对于上诉及其他请求事项，办理手续，务须简捷迅速，审理时两造均须到场，惟派代表或律师亦可。该委员会有变更原判之权，若于严格履行各条文时，实际上感受困难，得呈明市立法机关，变通办理，以符立法之主旨。

第二十五条　凡个人或机关，对于设计委员会之裁判，认为不公者，在宣判后三十日内，得胪列事由，呈请市立法机关，重新判定。

第二十六条　凡房屋之建造，或土地之使用，与本法或因本法而产生之条例不符者，市工务局得酌量取缔之。

第二十七条　工务局对于所有建筑物及地段，得派员查验，如有违犯本法，或因本法而产生之条例者，得用通告书纠正之；如不遵照修改，其负责人应受相当之处罚。该项罚则，由工务局斟酌各该市之情形，分别订定。

第二十八条　在市图内，如有次要道路之土地，为三数以上之干道所包围者，市立法机关得重新规划之。此项地段，谓之重定地段。

第二十九条　市立法机关欲重新规划一地段时，须先令设计委员会拟定计划，制成报告，以备采择。如欲有所修改，须先令设计委员会复议。

第三十条　设计委员会规划重定地段，须先将现有街道之情形，各地之业主等项，调查清楚，然后将该项重定地段之总面积、纯面积（即减去街道及公共空地面积所余者）及各业主所有纯面积之成数，并新拟次要街道之方向、宽度、形式等项，制定地图，分别详载。在地图内，得指定若干地为公园，但公园之总面积，不得逾重定地段总面积之十分一。

第三十一条　重定地段图须将每业主或其承袭人之土地，重新分配指定，其土地纯面积之比例，等于重定地段之纯面积，所指定之土地，须与该业主原有之土地相近。设计委员会如于原有建筑物，认为有保存之必要，得于规划路线时，设法保存之，该建筑物仍属诸原业主。

第三十二条　市立法机关采用设计委员所制之重定地图及报告后，由市政府令行工务局长切实执行。至拆毁街道及建筑物之费用，应由市政府担任，并须由市土地局估定土地价值，赔偿业主损失。惟新路建筑费，应由重定地图所载附近各路之业主，均匀负责。

第三十三条　关于辟宽现有街道或建筑新路时，如因下列各项情形，市政府如经市立法机关之许可，得有收用逾额土地之权。

（甲）需地为一小公园或其他公共旷地，为辟宽或建筑街道计划之一部分者。

（乙）所以更改贴近地段之情形、面积及数目，俾于辟宽或建筑街道后，不致有余剩之小地段及地段之不合形式者。

（丙）所以重定与新辟，或扩宽马路平行或相交之次要马路之位置。

第三十四条　未施行逾额土地收用前，立法机关得令设计委员会将街道地基以外应行收用之土地制图报告，以备采择。未决定前，如欲有所修改，须先令该委员会复议。

第三十五条　设计委员会奉命规划收用逾额土地时，须将在现有道路之路线内，或在现有路线之外，应行收用之土地，并将现有及制图时之地段界线，逐一载明，经立法机关核准后，其辟宽及建筑街道工作，须由工务局长执行，所有征收房屋地段，由土地局估定价值，由财政局拨付。

第三十六条　市政府于辟宽或建筑街道竣工后，得随时将一部或全部逾额收用之土地，转卖于给价最高者。

第三十七条　为三数以上之干道所包围之地段，如有下列情形，市政府如经市立法机关①之许可，得收用之，是为分区收用权。

（甲）收用地段，以为建筑公园或为公共空地之用。

（乙）收用地段，以便规划一普通整齐之次要道路系统，俾得适当之宽度及布置。

（丙）收用地段，以免贫民聚居过密，积聚污水秽物，有碍全市卫生者。

第三十八条未施行分区收用权之前，立法机关得令设计委员会，将拟收用之土地，及发展该区之详细计划，制图报告，以备采择，未决定前，如欲有所修改，须先令委员会复议。

第三十九条　设计委员会奉命规划分区收用土地时，须将所拟收用之土地，制图报告，并须附缴现有街道之详细地图，注明报告时之地段界线，及报告时所有业主之地产，更须拟订详细计划，叙明街道与道旁屋宇之位置及公园，或其他

①原书为“市立之机关”。

公共空地，以备谋全区之发展。

第四十条　立法机关采用设计委员会计划及报告后，实施该计划之工作，须交由工务局长执行。所有收用之房屋地产，应由土地局估定价值，由财政局拨付。

第四十一条　市政府于完成该计划后，得随时将任何部分或全部地段，转卖于给价最高者。

第四十二条　本法自公布日起，发生效力。

首都分区条例草案

划分区域，乃城市设计之先着，盖种种设计，多待分区而后定，而道路之位置、宽度、坚度等项，因区域之性质而互异，尤非先分区域，无以为规划之根据也。分区之作用，在使全市土地之利用得宜，人口之分配得当，并使应留之天通及空地，各从一定之限制，俾市民公共之卫生藉以保持，其关系于城市者至大。故新都市之规划，莫不采用分区之制度。美国之城市，其店户及大规模之公寓，多与住宅相杂，土地之使用，每不得最大之效率，现方汲汲采用分区条例，从事取缔，顾事倍功半，补救维艰。南京尚在设计时期，种种事项，多可自由支配，此时倘能订立条例，严厉执行，整齐利便之效，当可逆睹也。

关于分区之内容，普通而论，住宅区应分为一家住宅、多家住宅、公寓三种；商业区应分为小商业区（即零售小商店等所在者）、大商业区（即戏院、旅馆、百货商店所在者）、批发趸栈商业区等；工业区应分为普通工业区、笨重滋扰工业区等，此从其类别言之者也。工业区宜与其他繁盛区域，具有相当之距离，并须位于水陆交通便利之地。而各区之位置，又应由取缔最严者而渐及于最宽，故大商业区之地点，绝不宜与取缔严密之住宅区相连，此皆从其位置而言之者也。凡同一道路之两旁，其房屋及产业，应属于同一之区域，使全街有整齐之观，并避免商店与工厂，或大车房与住宅衡宇相望之弊，故两区之界线，应以房屋后界为之，不能以街道中线为之。推而至于十字路傍之四隅，亦同属一区之内，此又从其界域言之者也。住宅区之内，各住宅之附近，不得有汽车上油站、制造厂、废物店等羼杂其间；住宅区临街之地段，不得建筑前无花木庭院之屋宇；宽四公尺之道路，不得建八层之楼宇于其傍；又随处竖立商招，有碍观瞻，亦在取缔之列；凡此又从限制方面言之者也。至于拥有广大地幅之业主，有时得以自行划分其地段，惟所定之道路，必须与道路系统相调协，且须与该地地形相配合，故关于此种情事，业主应绘具图案，呈由设计机关审核。而设计机关，并须详加审查，分别准驳也。总之，求其互不相侵，而谋公众最大之幸福而已。

此次草订该项分区条例，曾将分区原理及美国之经验与办法，再三研究，以免前触后抵、解释纷歧诸病，并一面按切南京情形，而避生吞活剥之患。惟施行此项条例，或不免于障碍情事之发生，而此项条例，又不能过于烦冗难明，反不便于市民之循守，故凡该项临时发生之窒碍事项，一一皆订由设计机关临时处理之也。关于分区之界线，另图绘明。所订之首都分区条例，具列如后。

第一条　分区

（甲）本条例划分首都为下列各区：

1. 公园区；

2. 第一住宅区；

3. 第二住宅区；

4. 第三住宅区；

5. 第一商业区；

6. 第二商业区；

7. 第一工业区；

8. 第二工业区。

（乙）各分区之界址，详志于分区图内。如发生界址争执，由设计委员会判决之。

（丙）本条例及分区图，存本市工务局，市民可向该局取阅。

（丁）任何建筑物及土地之建筑或使用，有与本条例抵触者，则以犯例论。

第二条　释义

1. 除围墙外，凡建筑物皆称屋宇。

2. 地段之意义，系指土地之一部，包括已建或拟建屋宇及其四围空地。

3. 地段界线之意义，系指明地之界址，如非前后界线，俱作旁界线。

4. 地段宽度之量法，系沿前面界线，由一旁界线量至他旁界线。

5. 后院之意义，系在同一屋宇之内由此旁界线至彼旁界线及由屋后之界线至地段后界线之空间。

6. 前院之意义，系指在同一屋宇之内由屋前之界线至地段前界线之空间。

7. 旁院之意义，系指在同一屋宇之内由屋旁界线至地段旁界线之空间，但不包括前项规定前院或后院之任何部分在内。

8. 屋宇之面积，系从四围墙基外面连同骑楼地面而量度者。

9. 屋宇之贴连一街或数街者，以何方为前面，由该业主在地段平面图指定之。

10. 屋宇之高度，系指由屋宇前面街道平均高度处直量至屋之最高点，但为第十三条所规定者，不在此限。

11. 屋宇层数之限制，系指除地下室及地窖外有楼若干层。

12. 地下室乃屋之一层在地面下者，其高度之半最少须逾该室所在街面之平均高度。

13. 地窖乃屋之一层在地面下者，其高度之半不得逾该窖所在街面之平均高度。

14. 一家，指同居一屋及同用一厨房者。

15. 一住宅，指一屋内至多有二家同居并各有厨房者。

16. 平排住宅，指一排住宅之一间，其一面或两面之墙与邻居公用者。

17. 联居住宅，指居住屋宇非一住宅，亦非旅馆者。

18. 旅馆，指居住屋宇有房间逐日出租者。

19. 附用或附屋，指附属使用或附属屋宇同在其主要使用或主要屋宇之地段者。

20. 天井，指在同一地段屋宇之露天空间而非上文所述之前院、后院、旁院者。内天井，指天井为同一屋宇四面或多面墙壁所包围者。

第三条　公园区

（甲）所有公园区之土地，应由市政府于本条例公布后以公平之价格收买之，其价格由市土地局规定。

（乙）在公园区内，所有私人房屋或产业，及将盖造或更改之房屋，不得为下列各项以外之使用，且须得设计委员会之许可：

1. 不连属之房屋，其性质为临时者；

2. 图书馆、博物院；

3. 公园、游戏场、体育场、飞机场及自来水之水塘、水井、水塔及滤清池等；

4. 敷设火车路轨，但不得建筑储车场；

5. 农田、果园、菜圃。

（丙）在公园区内，所有居住用之房屋，不得高过一层或三公尺，其全部或一部分，非为居住之用者，不得盖至两层以上，或不得高过六公尺，层数或高度之限制，各择其取缔最严者。

第四条　第一住宅区

（甲）在第一住宅区内，所有新建或改造之屋宇或地方，除作下列一种或数种使用外，不得作别种使用：

1. 公园区内特准使用之一；

2. 不相连住宅；

3. 学校、庙宇、教堂；

4. 公园、游戏场、运动场、自来水塘、水井、水塔、滤水池；

5. 火车搭客车站；

6. 电话分所，但须无公众办事室、修理室、储藏室或货仓在内者；

7. 容载不过二辆汽车之车房，且系私人所用者。

（乙）在第一住宅区内，屋宇高度不得逾三层楼，或十一公尺，或所在街之宽度，就中取其最低之一项以为限制。

（丙）在第一住宅区内，每地段面积最少须有五百四十方公尺（即五千八百一十二方英尺），其最窄之宽度须有十八公尺（即五十九英尺）。

（丁）在第一住宅区内，旁院宽度最少须有二公尺，两旁院宽度之和最少须有五公尺。

（戊）在第一住宅区内，后院之深度最少须有八公尺。

（己）在第一住宅区内，前院之深度最少须有七公尺。

（庚）在第一住宅区内，屋宇及附屋之总面积不得超过该地段面积十分之四。

第五条　第二住宅区

（甲）在第二住宅区内，所有新建或改造之屋宇或地方，除作下列之一种或数种使用外，不得作别种使用：

1. 公园区特许使用之一，及第一住宅区内所许可之各项使用；

2. 平排住宅或联居住宅；

3. 旅馆；

4. 私立俱乐部；

5. 公众会所；

6. 私人汽车房，只可容在该地段每家一汽车之数，且该汽车系作附用者。

（乙）在第二住宅区内，屋宇高度不得逾四层楼，或十四公尺，或所在街之宽度，就中取其最低之一项以为限制。

（丙）在第二住宅区内，每地段面积最少须有三百五十方公尺（即三千七百六十七方英尺），其最窄之宽度须有十一公尺。

（丁）在第二住宅区内，屋宇无须建旁院。欲建者听：惟有旁院之住宅，其旁院宽度不得少过一公尺。其有旁院而非住宅之屋宇，如旁院宽度不逾该屋高度之八分一或一公尺，或两旁院宽度之和不及四公尺者，须有天井如本条例第十二条所规定者。

（戊）在第二住宅区内，后院之深度最少须有七公尺。

（己）在第二住宅共内，前院之深度最少须有六公尺。

（庚）在第二住宅区内，有旁院之屋宇及其附屋之总面积，不得超过该地段面积百分之四十五。如无旁院者，不得超过该地段面积百分之五十五。

第六条　第三住宅区

（甲）在第三住宅区内，所有新建或改造之屋宇或地方，除作下列之一种或数种使用外，不得作别种使用。

1. 公园区特许使用之一，及第一或第二住宅区内所许可之各项使用。

2. 私立会所或慈善机关。

3. 医院或疗养院，而非治疗癫狂、神经衰弱、传染症或烟酒癖者。

（乙）在第三住宅区内，屋宇高度不得逾四层楼，或十四公尺，或所在街之宽度，就中取其最低之一项以为限制。

（丙）在第三住宅区内，每地段面积最少须有二百方公尺，其最窄之宽度须有八公尺。

（丁）在第三住宅区内，屋宇无须建旁院。欲建者听：惟有旁院之住宅，其旁院宽度不得少过一公尺。其有旁院而非住宅之屋宇，如旁院宽度不逾该屋高度之八分一或一公尺者，须有天井如本条例第十二条所规定者。

（戊）在第三住宅区内，后院之深度最少须有七公尺。

（己）在第三住宅区内，前院之深度最少须有三公尺。

（庚）在第三住宅区内，有旁院之屋宇及其附屋之总面积，不得超过该地段面积十分之五。如无旁院者，不得超过该地段面积十分之六。

第七条　第一商业区

（甲）在第一商业区内，所有新建或改造之屋宇或地方，除作下列一种或数种使用外，不得作别种使用：

1. 公园区内特许使用之一，及任何住宅区内所许可之各项使用；

2. 银行、事务所、照相馆、浴室；

3. 零售商店、成衣肆、餐馆、面食馆、洗衣馆；

4. 汽车房，但容量不得超过十辆及不得有修理之设备；

5. 汽车上油或其他燃料站。

（乙）在第一商业区内，屋宇高度不得逾四层楼或十四公尺或所在街之宽度，就中取其最低之一项，以为限制。

（丙）在第一商业区内，屋宇无须建房院。欲建者听：惟有房院之住宅，其旁院宽度不得少过一公尺。其有旁院而非住宅之屋宇，如旁院宽度不逾该屋高度之八分一或一公尺者，须有天井如本条例第十二条所规定者。

（丁）在第一商业区内，后院之深度，最少须有七公尺。

（戊）在第一商业区内，前院之深度，最少须有三公尺。

（己）在第一商业区内，屋宇及其附屋之总面积，不得超过该地段面积百分之五十五。

第八条　第二商业区

（甲）在第二商业区内，所有新建或改造之屋宇或地方，除作下列一种或数种使用外，不得作别种使用：

1. 公园区特准使用之一，及任何住宅区及第一商业区内所许可之各项使用；

2. 戏园、影戏院、公众会堂；

3. 公众汽车房、修理汽车店、马房、货车厂、兽医院；

4. 发行商店、货仓或栈房，所贮为建筑器料、衣服、棉花、药料、布匹、秣刍、食物、家私、铜铁器、造冰机、五金、油类及煤油（其量不得逾一柜车）、颜料、树胶、商店用品、羊毛或烟草；

5. 电话总局；

6. 感化院、医院或疗养院；

7. 印刷所；

8. 打铁店。

9. 造冰厂、糖果制造厂、牛奶装瓶或分发厂、牛奶房、面包厂；

10. 染房或干洗衣馆其雇佣不逾五人者；

11. 鸡鸭行或就地屠宰或零沽鸡鸭场所；

12. 布匹或地毡制造厂；

13. 除本条例第九条甲、乙二款所列各种工业外，得设置本条例所未载之各种制造厂，但所用机器不得超过五匹马力，制造时不得发生有泥尘、臭味、煤烟、喧声或致振动地面，而与本条例第九条甲、乙二款所列各使用之性质或分量相等者。

（乙）在第二商业区内，屋宇高度不得逾五层楼或十七公尺或所在街之宽度，就中取其最低之一项以为限制，但为本条例第十三条所规定者不在此限。

（丙）在第二商业区内，屋宇无须建旁院。欲建者听：惟有旁院之住宅，其旁院宽度不得少过一公尺。其非住宅之屋宇，如其旁院从第一层楼面筑起，而宽度不逾该屋高度之八分一或一分尺者，则在第一层楼以上，须有天井如本条例第十二条所规定者。

（丁）在第二商业区内，后院之深度最少须有七公尺。

（戊）在第二商业区内，屋宇及其附屋之总面积，如在第一层楼面以上，不得超过该地段面积十分之六，在第一层楼以下，不得超过十分之八。

第九条　第一及第二工业区

（甲）在第一工业区内，所有新建或改造之屋宇或地方，除作下列之一种或数种使用外，不得作别种使用：

1. 公园区特许使用之一，及任何住宅区或商业区内所许可之各项使用；

2. 存贮废铁或旧货之货仓；

3. 铸造厂、蒸气或机器洗衣厂；

4. 石器或碑碣制造厂；

5. 砖瓦、磁砖或水泥砖制造厂，沙或碎石坑；

6. 铁路货车站、铁路车场、电力厂；

7. 铸铁厂、机器碎石厂、车辆制造厂；

8. 码头、船坞、造船厂；

9. 除本条乙款所列各种使用外，得设置本条例所未载之各种工业或制造厂，但制造时不得发生有泥尘、臭味、煤烟、喧声或致振动地面，而与本条乙款所列各种使用之性质或分量相等者。

（乙）在第二工业区内，所有新建或改造之屋宇或地方，除作下列之一种或数种使用外，不得作别种使用：

1. 公园区所许之使用，及任何住宅区、商业区或第一工业区内所许可之各项使用；

2. 皂胰制造厂；

3. 囊袋及地毡洗涤所；

4. 蒸酿酒水厂；

5. 鸡鸭及牲口屠宰场；

6. 浆糊、糖、酱或淀粉制造厂；

7. 焙谷厂、刍秣制造厂、机器磨麦或磨刍厂；

8. 用煤制造之煤气、焦炭或煤油厂，或该项煤气仓；

9. 炭素或油烟制造厂、容量逾一柜车之煤油仓、枪弹制造厂、火药制造厂或贮藏所；

10. 废物趸场；

11. 制纸厂；

12. 其他为本条例所未载之工业或制造，而发生有泥尘、臭味、喧声或致振动地面较多于本条所列各种使用者。

（丙）在第一或第二工业区内，屋宇高度，不得逾五层楼或十七公尺或所在街之宽度，就中取其最低之一项以为限制，但为本条例第十三条所规定者不在此限。

（丁）在第一或第二工业区内，屋宇在第一层楼面以上之面积，不得超过该地段面积十分之七。

（戊）在第一或第二工业区内，屋宇无须建旁院。欲建者听：如有旁院之住宅，其旁院宽度不得少过一公尺。其非住宅之屋宇，如其旁院从第一层楼面筑起而宽度不逾该屋高度之八分一或一公尺者，则在第一层楼面以上，须有天井如本条例第十二条所规定者。

（己）在一工业区内，凡非营业住宅，须有一后院，在地面之深度最少须有七公尺；凡经营商业或工业之屋宇，须有一后院，在第一层楼面之深度最少须有七公尺，但第一层楼面以下，可免筑后院。

第十条　附用

1. 凡使用在习惯上附属于所准许之使用者，准作附用。

2. 住宅区内，不得张挂招牌或广告牌。惟自由职业之姓名或招租小牌，得许作附用。

3. 凡买卖或营业之店户，不得作为附用。惟医生诊病室及凡平常在家庭内所经营之事业，而雇用助手不过二人者，概准其在私宅作附用。

第十一条　不符规定之使用

1. 凡原有物业之使用，在本条例未通过时，而与各条所规定者发生抵触，是为不符规定之使用。惟屋宇之高度面积及地段面积，或前后旁院、天井等之大小，与本条例各条所规定抵触者，则不得作为不符规定之使用。

2. 不符规定之使用，苟无损于邻近物业者，得继续存在，但不得扩大或变更之，惟改为合规定之使用则可。但改正后，不得再变为不符规定之使用。所有使用，列明在本条例第四、第五、第六、第七、第八、第九条之甲款或第九条之乙款，改作别用为上述条款所不载者，则以变更论。

3. 凡屋宇于本条例未通过时，已装置或计划或指定为不符规定之使用者，可免再建或改造至该屋公允价值十分之二，此价值由屋宇监督与土地局长或同等职官会商规定之。

第十二条　天井

1. 在地段旁界线之天井，其深度与该旁界线垂直量度，最少须有三公尺。

2. 在地段旁界线之天井，其宽度与该旁界线平行量度，最少须有六公尺。

3. 天井三面围以墙，其他一面通至屋前或屋后者，该宽度与开通之面平行量度，最少须有三公尺。

4. 内天井之深度或宽度，最少须有六公尺，在该天井之上之屋宇，如其高度不逾二层楼者，其屋盖之四面，均可伸出该天井中一公尺半以内。

第十三条　例外与特别规定

（甲）在本条例未通过时，任在何区内，其地段不论大小，如附近地段非同一业主者，得在该地建筑一家住宅，如此等地段在任何商业或工业区内，得建筑一零售商店。

（乙）汽车上油或燃料站，或同种类之事业，所用抽器及其他设备，须完全设在私人地段内，并须有适当空地分进出路口，以便上油汽车之停止。如汽车须停在公共街道者，不得为上油之设备。

（丙）凡旗杆、无线电杆、纪念碑、烟突、水塔、升降机或楼梯屋顶、戏台顶、瞭望台高逾本条例所定者，仍许建造，但各该面积不得逾该地段总面积十分之一。

（丁）装饰之栏墙或飞檐，虽逾本条例所规定之高度而未越一公尺半及无窗在规定高度之上者，准其建造。又单式金字屋顶，其斜坡不及四十五度，及除近檐处外无窗者，虽逾规定高度而未越一公尺半，亦准之。

（戊）在第二、第三住宅区，第二商业区或任何工业区内，屋宇任何部分，皆得建筑至高逾本条例所规定之高度。惟该部分每建高一公尺，须向街巷旁界线及规定院线各方面缩入一公尺。

（己）在任何工业区内，屋宇高度如不逾六层楼或二十公尺，或所在街之宽度，就中以最低之一项为准，可以不必缩入如本条戊款之规定。但该屋第一层楼面以下之面积，不得超过该地段面积百分之八十五，在第一层楼以上之面积，不得超过百分之五十五。

（庚）在第二商业区或工业区内，建塔不限制高度，但该塔面积不得逾该地段总面积之十分一，及须向街巷及后院各方面之界线最少缩入三公尺。

（辛）旁院或后院之空间，须露天无阻，但窗槛檐线及其他装饰可凸出一公寸，烟突及避火梯则可凸出一公尺。但该屋高度不逾二层半楼者，飞檐及凸线可伸出旁院或后院至七公寸半，惟此等檐线不得占该旁院或后院宽度之十分四。前院之空间，亦须露天无阻，但可于前墙建一门房及仆人室为附屋之用，惟该面积不得逾三十五方公尺。

（壬）建筑物在两街相交之转角地段，较普通地段在同一分区内者得占多地段面积百分之五。

（癸）任何建筑物（围墙在内），如在转角地段，须退缩至一横截直线上，而该直线系在该街角地段之两界线交点各沿地段界线退入二公尺半而成者，在转角地段内，本条例规定有前院者，不得在该前院有藩篱、林木等阻碍视线，致滋交通之危险。

（子）在转角地段之屋宇，须有一前院在其旁街之前，以代旁院。沿地段之前界线，亦须有一前院，旁街前院之深度，如地段前界线前院深度之半。

（丑）本条例通过后，设计委员会须随时指拨地段，每处最少须有七十四华亩，为临时性质住宅之用。但在工业区，此等临时住宅地点内，非经设计委员会特准，不得用泥土、茅草、草席、竹料或其他引火及不洁之物料建屋。

第十四条　分区图之指定

分区界线之位置，未在分区图上用公尺指定者，以在该界线左、右之两街之中线为界线。如分区界线之位置无法确定时，设计委员会得由图中用尺量度决定之。

第十五条　设计委员会之分区权

（甲）根据所拟市府设计及分区授权法之规定，设计委员会得查核工务局长所判定之案件，并审判各上诉案件，及关于本条例所规定各事项；如得四委员之同意，得推翻工务局长所判决者，或准市民变更本条例之请求，其他事项由该委员会以多数取决之。

（乙）设计委员会除法律所赋予之权外，当执行本条例条文时，发生事实上之困难，在适当之情形及范围内，如与本条例之意旨吻合，及足维系本条例、主持公道、保护公安之精神者，得呈明市立法机关依下列各项将条文变更之。

1. 虽在本条例发生效力之后，仍准将原有不符规定使用之屋宇重建，或在该所在地段扩大之。

2. 屋宇之面积或使用、扩大至取缔较严之毗连分区内者，准之，但所扩大者不得逾十五公尺。

3. 在国都界线内未发展之区域，得发临时执照，准其于二年内为任何使用，或造任何建筑物。

4. 于本条例未通过时，任何地段与其毗连地段，如非同一业主，因建筑一家之住宅而为该地面积及特别地形所限制，为变更所规定之院及地段之面积或宽度之请求，若非如此变更，不足以将地段改良者，得准许之。如该地段系在商业或工业区内，委员会可准其建筑零售商店。所有地段，如系小于该区所规定之面积，则不准再行划分小段，以为转卖或以为建筑两间以上住屋或商店之用。

5. 如马路位置与分区图所列者互异时，设计委员会应本该区域计划原意，照分区图所载明者执行。如分区界线乃依一拟筑未成之路，该委员会应按该路造成时情形，将界线修改，以与实在情形相符。

6. 私人汽车房能容二辆以上汽车者，准建在第一住宅区内，但只许作附用。

7. 根据第十四条之规定，得确定在分区图内任何分区界线。

8. 准许在公园区任何部分设立第三条丙节所特许之各项应用物。

9. 设计委员会为增进公共卫生、安宁及利益起见，且对于分区性质、特别使用、产业价值及该区之发展曾详加考虑，适与妥善计划相符者，得变更所规定之各条例。

第十六条　解释

（甲）解释与施用本条例时，须以增进公共卫生安宁及利益为主旨。本条例规定一屋宇应有地段或院之面积，不得作其他屋宇所需者计算。如一屋宇应有地段或院之面积小于本条例所规定者，则以犯例论。此等面积原有在本条例通过之前者，不得减小过于本条例之所规定，亦不得作新建屋宇所需者计算。

（乙）如一地段系由一已整顿妥当之地段割出者，此等分割，无论其为目前抑或将来整顿计，须无碍于本条例。

第十七条　执行

（甲）总纲　本条例由工务局长执行之。工务局长经市长之核准，于处理或执行本条例之必要时，得随时颁行各项规则；又为利便执行本条例起见，得随时咨请公安局或其他同等机关协同进行，或共筹相当办法，以为援助。

（乙）建筑执照　凡欲起造或改建屋宇及建筑物者，须将该屋宇或建筑物之大小与位置及所在地段之大小及其角度直径，用比例尺绘备正副图则，详细注列，并载明所有于执行本条例有关系之事项，经工务局长核准后，由业主缴纳建筑照费五元，领取执照，方得兴工。

（丙）使用执照　任何新建、修改或扩大之屋宇，在本条例通过后，遵照规定建造完竣，得由该业主或代理人呈请工务局长勘核发给使用执照。如未领得此项执照，径自使用，或授他人使用该建筑物者，以犯例论，应受相当之处罚。

（丁）查勘　已建竣或建筑中之屋宇或建筑物，有无违犯本条例所规定，得由工务局派员于相当时期前往查勘之。

（戊）罚则　无论何人或法团，对于新建、修改或扩大之完工建筑物，与本条例所规定及与呈奉核准发还之图则内容不符者，经工务局讯明属实，其负责人应受相当之处罚。

第十八条　本条例之效力

本条例之任何条款，除判决注销者外，余均继续发生效力。

第十九条　发生效力期

本条例自公布日起发生效力。

实施之程序

城市计划设定之后，关于该计划之实施，固不能不假以相当之期间，尤不能不预定有适宜之步骤。盖计划之范围，包含至广，举凡土地之利用、交通之设备、公众之需要，如铁道、公路、道路、商港、公园、水道、渠道、学校、飞机场等项，与夫一切之公用事业，皆无一不在其范围之内。各项建设，头绪纷繁，同时并举，不特经济感受困难，亦为事势所不许，若无一定之程序，随意设施，则缓急倒置之嫌，凌乱无序之弊，必所不免。故实施之程序，必须按切需要之情形，经济之状况，预为订定。以后一切建设，均可依据所定之程序而进行，凡所措施，悉为整个久远计划一部分之工作。每期所建设之事项，一方固合于现在之实用，一方复能与已成之工作互相连接，而成一贯之统系。庶几岁月迁移，而城市之繁荣，亦与时而俱进也。

南京所设之计划，其实施程序之规定，自应以经济之情形为根据，因就财政上可能之范畴内，拟具今后六年训政期内之工作，列举于下。

民国十九年

（一）在中央政治区内，开始建筑第一期机关房屋，约可容一万二千职员。

（二）公布分区及设计条例。

（三）公布交通管理条例。

（四）公布拟建之街道、公园、飞机场及一切公共建筑物之地址，将来需用时，依照民国十九年市价收买；未收买前，现有之房屋，得继续存在，业主并得利用其空地为种植之用。又街道路线，同时着手测量。

（五）开始设备自来水。

（六）开始敷设渠道，与新筑街道同时举行。

（七）开始建筑乘客总车站及明故宫以北之铁道路轨。

（八）在下关及浦口建筑火车渡船及码头。

（九）建筑政府职员住宅及盖造房屋，以便因筑路而失住所之市民居住。

（十）购买新街口公园地段。

（十一）建筑或辟宽下列道路：

（1）水西门至大中桥（横过木屐巷、七家湾、评事街、绒庄巷，并经过内桥、昇平桥、中正街），长三·一公里。

（2）大中桥至中山门（新辟横过明故宫区域之对角线），长二·八公里。

（3）中正街至石板桥（经过门帘桥、太平街、花牌楼、吉祥街，横过大行宫国民政府路），长二·三公里。

（4）中山路延长线（由鼓楼向东南延长，横过丹凤街、大石桥、洪武街、一枝园、浮桥），长一·三公里。

（5）汉西门至新街口（经过牌楼街、石桥街，横过双石鼓），长一·七公里。

（6）火车总站至中正路与中央路交叉点，长二·〇公里。

（7）下关京沪车站至夫子庙东便河岸（下关沿京市铁路至丁家桥，横过傅厚岗，经丹凤街、鱼市街向东折，又经三眼井、莲花桥、洪武街、硃砂桥，沿京市铁路南下，直至河岸），长一一·三公里。

（8）五条巷至大树根之住宅路线（横过中山路、新菜市、丁家桥，中经童家巷），长一·六公里。

是年修筑道路总长为二六·一公里。

民国二十年

（一）继续建筑政府办公房屋，至年底完成。

（二）继续设备自来水工作，至年底时供给一部分用水。

（三）完成乘客总车站及路轨。

（四）继续建筑污水沟及雨水沟。

（五）改良水陆飞机场。

（六）改良新街口公园。

（七）建筑政府职员住宅及盖造房屋，以便因筑路而失住所之市民居住。

（八）建筑或辟宽下列道路：

（1）水西门至鼓楼（由水西门向东北经堂子街南口、螺丝转湾，横过沈举人巷、盔头巷、小桃园，经平仓巷、金银街、二条巷而至中山路），长三·七公里。

（2）子午线路（由神策门外旗杆村附近，经高楼门，横过石婆婆巷、大石桥、鸡鹅巷，经香铺营、上乘巷而至中山路），长五·六公里。

（3）中山路至玄武湖（由大方巷，向东北出玄武门而入玄武湖），长一·一公里。

（4）水西门至皇木场飞机场（由水西门外牌坊街西行，经江东门西南折，经工程营而至北街，复东北折，横过皇木场之飞机场而抵夹江岸），长五·五公里。

（5）下关江边至三汊河（经大马路商埠局街、美孚栈街、五善街而至三汊河），长二·五公里。

（6）汉西门经火车总站而至中央政治区（分两段：其一，由龙蟠里向东北，经随园仓、小桃园、马状元巷而至鱼市街；其二，由珍珠桥往东，横过中央路，经火车总站出城而至中央政治区），长六·二公里。

（7）明故宫东行，至中央政治区，长二·三公里。

（8）明故宫东部及南部之路线，长三·五公里。

（9）间于中央政治区与东城墙之道路，长二·〇公里。

是年建筑道路，共长三二·四公里。

民国二十一年

（一）继续自来水工作，及在所有主要大道装置水管。

（二）继续建筑污水沟及雨水沟工作。

（三）建筑轮船码头一座。

（四）建筑政府职员住宅，及盖造房屋以便因筑路而失住所之市民居住。

（五）建筑飞机总站之第一扇形地。

（六）建筑或辟宽下列道路：

（1）子午路南端延长之路（由珠宝廊子午线南端，向南经天青街、马巷、铜作坊、铁作坊直至南门之西，出城墙而至小市口），长三·一公里。

（2）汉西门至东城墙根（由汉西门大街，经陶李王巷、侯家桥、易驾桥、崔八巷、堂子巷、太平巷、公共体育场、五福桥，正东行而抵城根），长五·六公里。

（3）国府路至东城根（经国府路、汉府街，东行直抵城根，迄南而至中山门内中山路），长三·〇公里。

（4）三汊河至和记洋行（由三汊河之东，向北至京沪车站，折而东北，至煤炭港，复西北折而至江边车站），长四·一公里。

（5）至善街至中山路（由至善街东南行入城，而经刘家山之南，再东行，经和会街而至中山路），长二·五公里。

（6）草场门至中山路（由草场门向东横过水左岗、老菜市，经大方巷而与中山路相交），长二·四公里。

（7）鼓楼西之住宅区道路（由东瓜市之东，直北经五条巷而至中山路），长一·七公里。

（8）其他明故宫、青龙桥一带南北向之短路（共四条），长二·六公里。

（9）间于东城垣与中央政治区之道路，长二·〇公里。

（10）益仁巷南口至马巷南口（经奇望街、黑廊街），长〇·七公里。

是年建筑道路共长二七·七公里。

民国二十二年

（一）继续自来水工程。

（二）继续污水沟及雨水沟工程。

（三）购地建筑五台山公园及文化区各建筑物。

（四）建筑新校舍两间。

（五）建筑政府职员住宅，及盖造房屋以便因筑路而失住所之市民居住。

（六）建筑或辟宽下列街道：

（1）石桥街东口至明故宫（经天主堂街、小丰富巷、龚家桥，横过花牌楼、细柳巷、四条巷、三条巷、头条巷、西华门大街，而至明故宫），长三·八公里。

（2）秦淮河两岸林荫大道，由东水关附近至竺桥（由东水关北便沿河北行，直至竺桥之北），长五·六公里。

（3）汉西门外至通济门外之环城路（由汉西门外秦淮河与城墙之间起始，沿城墙南下，随城墙东折，经南门，更东行，至城角北折，沿城而至通济门），长七·四公里。

（4）中山路至大树根北口（经和会街、模范路、蓝家桥），长二·一公里。

（5）中山路至钟阜门外（横过将军庙、模范路，北行出城墙，而至钟阜门外之刘家），长二·五公里。

（6）玄武门内马家街一带东西小路四条（其中一条为斜线，与中山路平行），共长二·九公里。

（7）玄武门内南北小路五条（与上项各路相交），共三·三公里。

（8）通济门至益仁巷（由通济门外向西入城，经西钓鱼巷、奇望街，而止于益仁巷南端），长〇·九公里。

（9）间于东城垣与中央政治区之道路，长二·〇公里。

是年建筑道路共长三十·五公里。

民国二十三年

（一）继续自来水工程。

（二）继续污水沟及雨水沟工程。

（三）建筑新校舍两间。

（四）在傅厚岗附近购地为市行政区。

（五）开始在傅厚岗附近建筑市政府房屋。

（六）建筑政府职员住宅，及盖造房屋以便因筑路而失住所之市民居住。

（七）建筑或辟宽下列街道。

（1）明故宫区域各路（计南北向路线大小共十条，八条在中山路之北，两条横过之），共长一〇·〇公里。

（2）汉西门至东城根之林荫大道（由汉西门北旗盘城街东北行，至百步坡，折而正东，横过中山路，经鸡鹅巷、一枝园、太平桥、后宰门而至城根），长六·六公里。

（3）三汊河东至张家桥（由三汊河东行，入定淮门，东行，经刘家岗、黄瓜园、古林寺之南，横过水左岗、傅佐园、中山路、新菜市，经张家桥而与往玄武湖之道相连），长四·〇公里。

（4）东北部之南北小路（共两条，与子午路平行，横过马家街，而止于蓝家桥），共长一·五公里。

（5）北城外之路线（由惠民桥起，东行经兴中门大街，入兴中门，直出小东门，与京沪铁路平行而至子午线），长四·〇公里。

（6）间于东城垣与中央政治区之道路，长二·〇公里。

是年建筑道路共长二八·一公里。

民国二十四年

（一）继续自来水工程。

（二）继续污水沟及雨水沟工程。

（三）改良玄武湖及各水道。

（四）完成市行政区各建筑物。

（五）建筑新校舍两间。

（六）建筑政府职员住宅。

（七）建筑或辟宽下列道路：

（1）鼓楼北之东西路（由鼓楼北中山路西行，横过四条巷、五条巷、虎踞关，以至于吴家巷），长二·二公里。

（2）小东门至大钟亭（由小东门内廿二年所建之路起，东南行，经萨家湾、楼子巷，横过和会街、丁家桥、傅厚岗，而止于大钟亭东之安仁街），长四·七公里。

（3）鼓楼西之南北线两条（其一由中山路祁家桥南下，经水左岗、笃义里、虎踞关，而止于龙蟠里；其二由中山路与西沫湾之交点，西南行，至老菜市，折而南，止于顾家山之东），长四·四公里。

（4）城东北中山路至子午线路（由中山路与和会街交点起，东北行，横过楼子巷、广东路、柏果树，经筹市口、许家桥而抵子午线路），长二·四公里。

（5）模范路至筹市口西端之南北短路，长〇·六公里。

（6）明故宫区域之南北道路（共念四条，横过中山路成平行形），共长七·三公里。

（7）明故宫东西道路（共四条，其最长者，乃由大中桥经小门口街、都统署街、洪武西街，而至洪武东街之东口；其余短线三条，均平行横布，与南北各短线相交），共长三・五公里。

是年建筑道路共长二五・一公里。

综上所列各项，仅就其需要较为急切者，于最近之六年内酌量分配，其他计划之有待于建设者尚多，六年以后，当可逐渐完成。兹将六年内所需之建设费，约略估计于下：

容纳政府职员一万二千人之办公处所，一千万元。

购地以为公园之用，三十万元。

购地并建筑一百六十九公里之道路，一千二百万元。

码头货仓及各项设备，二百万元。

火车渡船及其码头等项，三百万元。

乘客总站及路轨，二百万元。

自来水厂及水管各项，七百六十万元。

污水沟及雨水沟，七百万元。

市政府各项建筑物，一百万元。

校舍六所，七十万元。

飞机场，二十万元。

政府职员住宅及贫民房屋，六百万元。

总计，国币五千一百八十万元。

从上所估计之价值推算，每年平均之建设费，约为八百六十万元。在一年内，其超过或不及平均之数，当以该年内工作之多寡以为定。大概计划设定后之第一年（即民国十九年），所需之费用，当较减少，继此两年，其数当超出平均额之上。盖第一年大部分之时间，多用以为实施各项主要计划之预备，即就乘客总站而论，在第一年内，尚须从事测量及设计也。

訓政時期逐年完成道路圖

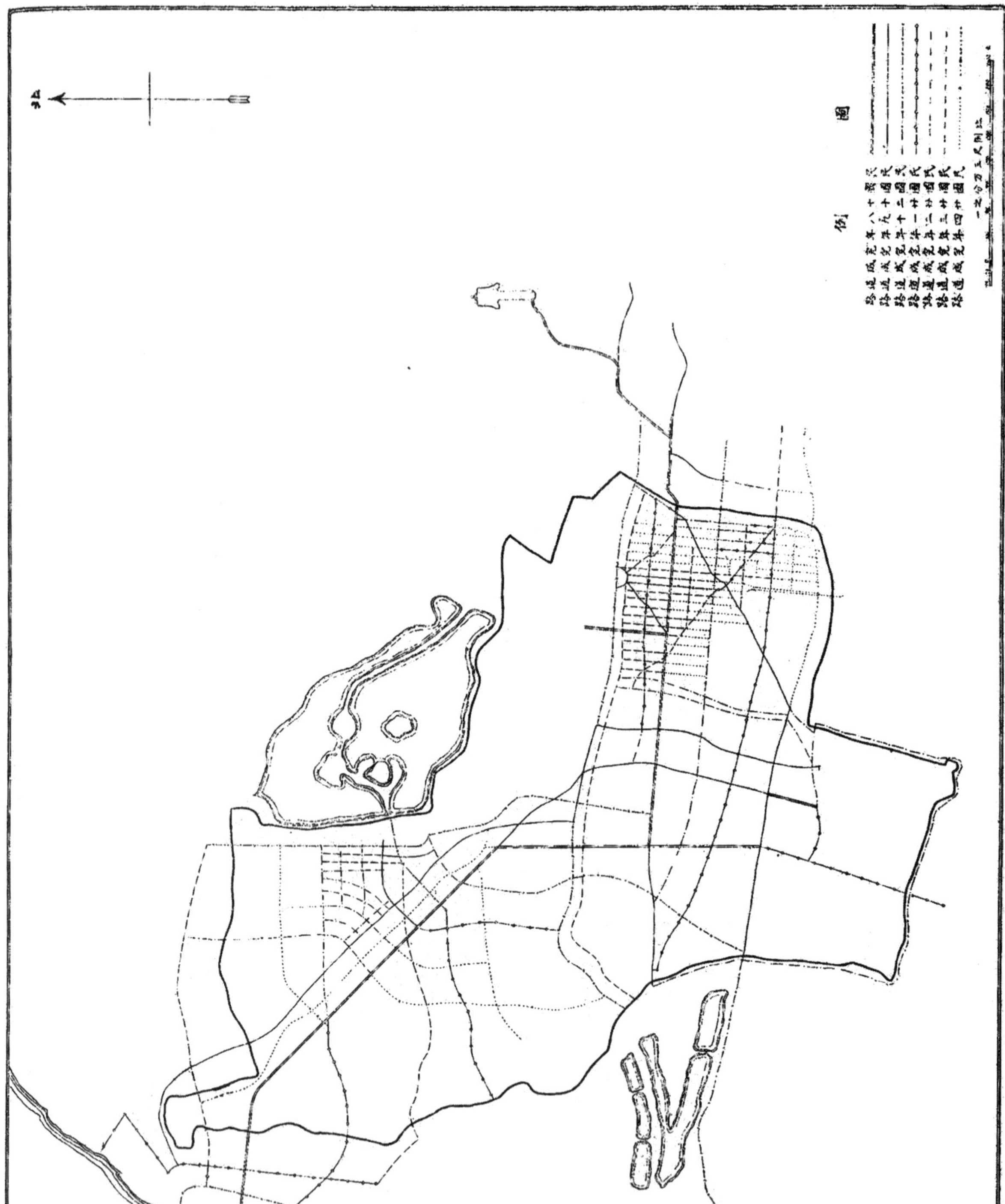

图五十七

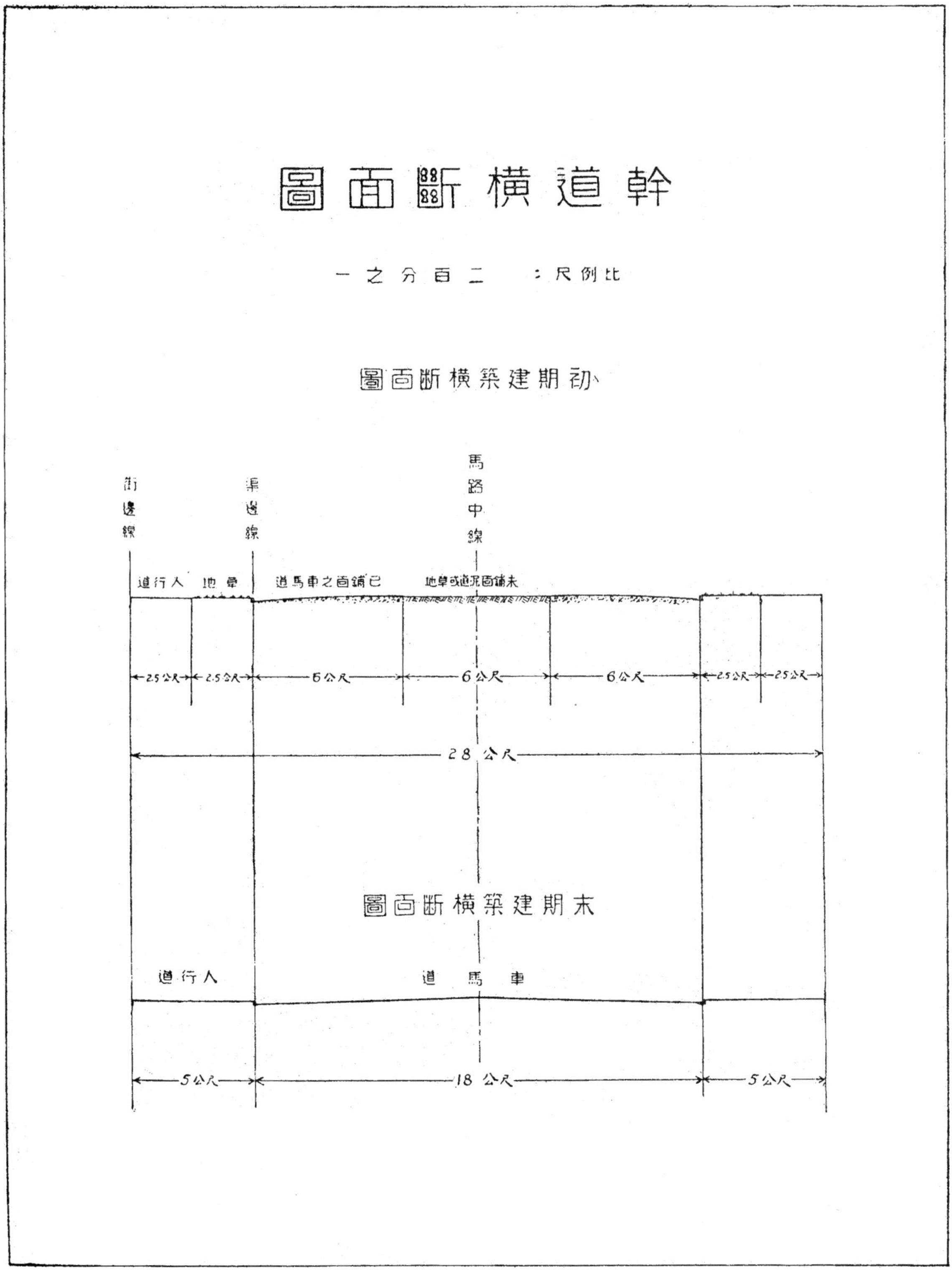
幹道橫斷面圖
比例尺：二百分之一
初期建築橫斷面圖
街邊線
渠邊線
馬路中線
人行道
草地
已鋪面之車馬道
未鋪面泥道或草地
2.5公尺
2.5公尺
6公尺
6公尺
6公尺
2.5公尺
2.5公尺
28公尺
末期建築橫斷面圖
人行道
車馬道
5公尺
18公尺
5公尺

第五十八圖

图五十八

款项之筹集

首都计划，已告完成，继此以往，将由设计时期，而进于实施之时期，款项之筹集，实为一亟待解决之问题。依照本计划所拟之实施程序，计在训政时期之六年内，约共需建设费五千一百八十万元。此数虽巨，顾南京为国都所在之地，为全国政治之中心点，中外观瞻之所系，凡所建设，不特市民获受其益，即全国人士，亦将乐观厥成，众擎易举，款项自不难立集。查欧美各国之城市，关于建设费之筹集，类多发行公债。有纯为公众之利益而发行者，有因经营公众之企业而发行者，前者则指定的款，依期还本付息，后者如自来水、电灯、煤气、铁路等项，其本身之收入，自可清偿本息，不足则取给于市内之税收，有余则市民之负担，自可因而减少。美国奥埃奥省新新尼地城南部之铁路，每岁获利一百余万元，即藉该款以减少该城市民之捐税，其前例也。欧洲且有因市内森林之获利，而市民遂得完全豁免租税者。取之于民，亦偿之于民，揆诸情理，至为切当。南京之建设费，筹措之法虽多，要莫善于发行公债。盖市政之改良，为久远之计划，若只由现在市民负担，尚非公允，实不如发行公债，分年摊还，使现在及将来之市民，均负相当之责任，规定相当利息，而广为劝募也。

南京所设定之计划，有关于一部分市民之利益者，有关于全城市民之利益者，有与市外之人民发生直接或间接之关系者，按诸受益者出资之原则，款项之负担，自应因其性质之不同而各异。兹将本计划之实施，所应取给之财源，略述于下。

中央政治区各建筑物：款项应由中央政府筹集。

市行政区各建筑物：由市政府发行公债，其利息及本金，指定由特种税收项下拨还。

铁路路线及车站：款项由国有铁路收入项下筹拨。

港口：由中央政府发行公债，而以港口、码头、货仓之收入偿还。如初办时，不能自给利息及维持费，则由市内税收垫付。至关于火车渡船及其他车站路轨等项，则由国有铁路负担。

飞机场：由中央政府发行公债，指定由特种国家税项下拨还。

公众交通车辆：规定一适宜之期间及税率，批商承办。

改良街道：款项由受益之市民负担，不足则由中央政府或市政府补助。

路面：筹款与改良街道同一办法。

交通管理：由市内车辆牌照费等项下筹拨。

公园及游戏场：除公地外，地价应由受益产业负担，不足则由中央政府补助。

市郊公路：由中央政府发行公债，利息及本金以受益产业之土地税及增价税偿还。

城外运河：筹款方法与市郊公路同。

路灯：由受益店户负担。

自来水：由市政府发行公债，指定由特种税收项下筹还。如收入不能支给利息及维持费，则在税收项下筹拨。

渠道：由受益市民负担，不足则由中央政府或市政府补助。

学校：初期由中央政府拨款筹办，逐渐改归市政府办理。

政府职员住宅：由中央政府筹建。

市民住宅：由市政府筹建。

举上所述而换言之，款项之应由中央政府筹集者，为中央政治区、铁路、港口、飞机场、市郊公路、城外运河、学校、政府职员住宅等项。应由市政府筹集者，为市行政区、交通管理、自来水、市民住宅等项。应由市民直接负担者，为街道、公园、路灯、渠道等项。第上举各项，仅就理论方面而言，现闻市府已订定条例，发行公债三百万元，以为兴办自来水及市民住宅之费。首都建设委员会已建议筹款五千万元，除由各省负担二千万元外，其余之三千万元，则发行公债。是倘能于六年内，募足该款，所估计之建设费，即可无虞缺乏，本问题之解决，当可无俟赘论矣。惟有欲进而言者，城市计划，固求所以增进人民之幸福，亦应求其可以生利之道，良善之计划，殆无有不可以生利者。本处之设计，自始则以经济为要图，一方则按切情形，力求节省；一方则谋生利之建设，以辟其源。敢信现在因实施计划而用之款，将来计划完成后，必可取偿而有余。盖不特港口、铁路、交通设备等项，利权甚巨，而改良道路、公路、公园等项，其直接或间接之收益，亦将不可胜计。南京自中山路筑成而后，附近土地之价值，多已超至十倍或十五倍，现方有加无已，可为明证。土地税为一最良好之税则，关于此项之税收，政府现方积极筹备，不久即可实行。将来土地税及土地增价税之收入，为数当属不赀。抑本处所拟之计划，系以紫金山南麓为中央政治区，以明故宫为火车乘客总站及商业区地点，在明故宫区域以内之地，几全数属诸公有。车站以南之地段，适合于为戏院、旅馆、百货店等大商业之用，计该处属诸公有之总面积为一万二千九百七十四亩。除军校地址，将来街道所占土地，及土地之不适于高等之建筑物者外，约有六千亩之土地，可为商业之使用。现在之市价，每方约值十元，计共值三百六十万元，现方逐渐腾贵。政治区及车站完成而后，价值尤将顿增。据民国十七年所调查，下关码头一带及三山街、大功坊两旁之土地，每方之价值，多由一百元以至二百元（见第五十九图）。现在交通之设备未周，市内之商业未盛，犹达此数，将来在明故宫区域之地价，必将驾而上之，殆可逆料。是一转移间，即就该地之价值而论，亦足以抵训政时期所用之五千余万元而有余。该地之处置，其最好方法，为将该地租与市民。假定租期为二十五年，租率按每五年而递增，初期定低微之租率，以奖励市民之建筑。五年后则租价略增，至十年后乃依照公平之时价。如是则十年以后，该地之收入，不特可以一部偿还公债之本息，且可仿照欧美办法，藉此以减少市民之捐税也。又沿护城河之地，亦多属公有，其地宜于建筑货仓，也可多得一宗公产之收入。征之七十余年前，法国规划巴黎为一华美之都市，因是游客众多，该市得岁增入息四万万余元；美国芝加高市，于前数年费一千六百万元美金，改良密西干路（Michigan Ave），而该路物业之增价，多至一万万元美金，皆足为城市计划生利之例证。南京之设定整个计划，实开吾国之先河，将来中外人士之来京观光者，料亦不在少数也。

实施本计划之款项，除训政时期所用者外，为数尚多。但六年以后，工料之价格，非现时所能估定。故六年后，关于实施本计划款项之筹集，非兹篇之所及也。

附　记

因城市规划、建设及其管理工作的需要和有关领导、专家的愿望，南京市城市建设档案馆于2002年对1929年（民国十八年）12月31日出版的《首都计划》进行了复制。在复制过程中，将原文竖排繁体字改为横排简体字，并按照现代文式的阅读习惯增加了标点符号，其他尽量按照原书。本书的插图系原图扫描复制。

难免有错误之处，敬请谅解。

繁体字改简体字由南京市城市建设档案馆完成。

标点符号标注由李忠谋研究馆员、奚永华高级规划师完成。